"十四五"国家重点出版物出版规划项目
青少年科学素养提升出版工程

U0321041

中国青少年科学教育丛书
总主编　郭传杰　周德进

探秘物质的构成

郑青岳 主编
宋华强 苏爱娣 郑青岳 编著

浙江教育出版社·杭州

图书在版编目（ＣＩＰ）数据

探秘物质的构成 / 郑青岳主编；宋华强，苏爱娣，郑青岳编著. — 杭州 : 浙江教育出版社，2022.10（2024.5重印）
（中国青少年科学教育丛书）
ISBN 978-7-5722-3190-2

Ⅰ. ①探… Ⅱ. ①郑… ②宋… ③苏… Ⅲ. ①物质结构－青少年读物 Ⅳ. ①O552.5-49

中国版本图书馆CIP数据核字(2022)第036804号

中国青少年科学教育丛书
探秘物质的构成
ZHONGGUO QINGSHAONIAN KEXUE JIAOYU CONGSHU
TANMI WUZHI DE GOUCHENG

郑青岳 主编 宋华强 苏爱娣 郑青岳 编著

策　　划	周　俊		责任校对	王晨儿
责任编辑	高露露		责任印务	曹雨辰
美术编辑	韩　波		封面设计	刘亦璇

出版发行　浙江教育出版社（杭州市环城北路177号 电话：0571-88909724）
图文制作　杭州兴邦电子印务有限公司
印　　刷　杭州富春印务有限公司
开　　本　710mm×1000mm　　　1/16
印　　张　16
字　　数　320 000
版　　次　2022年10月第1版
印　　次　2024年5月第3次印刷
标准书号　ISBN 978-7-5722-3190-2
定　　价　48.00元

总序

    高度重视科学教育，已成为当今社会发展的一大时代特征。对于把建成世界科技强国确定为 21 世纪中叶伟大目标的我国来说，大力加强科学教育，更是必然选择。

    科学教育本身即是时代的产物。早在 19 世纪中叶，自然科学较完整的学科体系刚刚建立，科学刚刚度过摇篮时期，英国著名博物学家、教育家赫胥黎就写过一本著作《科学与教育》。与其同时代的哲学家斯宾塞也论述过科学教育的重要价值，他认为科学学习过程能够促进孩子的个人认知水平发展，提升其记忆力、理解力和综合分析能力。

    严格来说，科学教育如何定义，并无统一说法。我认为科学教育的本质并不等同于社会上常说的学科教育、科技教育、科普教育，不等同于科学与教育，也不是以培养科学家为目的的教育。究其内涵，科学教育一般包括四个递进的层面：科学的技能、知识、方法论及价值观。但是，这四个层面并非同等重要，方法论是科学教育的核心要素，科学的价值观是科学教育期望达到的最高层面，而知识和技能在科学教育中主要起到传播载体的功用，并非主要目的。科学教育的主要目的是提高未来公民的科学素养，而不仅仅是让他们成为某种技能人才或科学家。这类似于基础教育阶段的语文、体育课程，其目的是提升孩子的人文素养、体能素养，而不是期望学生未来都成为作家、专业运动员。对科学教育特质的认知和理解，在很大程度上决定着科学教育的方法和质量。

科学教育是国家未来科技竞争力的根基。当今时代，经历了五次科技革命之后，科学技术对人类的影响无处不在、空前深刻，科学的发展对教育的影响也越来越大。以色列历史学家赫拉利在《人类简史》里写道：在人类的历史上，我们从来没有经历过今天这样的窘境——我们不清楚如今应该教给孩子什么知识，能帮助他们在二三十年后应对那时候的生活和工作。我们唯一可以做的事情，就是教会他们如何学习，如何创造新的知识。

在科学教育方面，美国在 20 世纪 50 年代就开始了布局。世纪之交以来，为应对科技革命的重大挑战，西方国家纷纷出台国家长期规划，采取自上而下的政策措施直接干预科学教育，推动科学教育改革。德国、英国、西班牙等近 20 个西方国家，分别制定了促进本国科学教育发展的战略和计划，其中英国通过《1988年教育改革法》，明确将科学、数学、英语并列为三大核心学科。

处在伟大复兴关键时期的中华民族，恰逢世界处于百年未有之大变局，全球化发展的大势正在遭受严重的干扰和破坏。我们必须用自己的原创，去实现从跟跑到并跑、领跑的历史性转变。要原创就得有敢于并善于原创的人才，当下我们在这方面与西方国家仍然有一段差距。有数据显示，我国高中生对所有科学科目的感兴趣程度都低于小学生和初中生，其中较小学生下降了9.1%；在具体的科目上，尤以物理学科为甚，下降达18.7%。2015年，国际学生评估项目（PISA）测试数据显示，我国15岁学生期望从事理工科相关职业的比例为16.8%，排全球第68位，科研意愿显著低于经济合作与发展组织（OECD）国家平均水平的24.5%，更低于美国的38.0%。若未来没有大批科技创新型人才，何谈到21世纪中叶建成世界科技强国！

从这个角度讲，加强青少年科学教育，就是对未来的最好投资。小学是科学兴趣、好奇心最浓厚的阶段，中学是高阶思维培养的黄金时期。中小学是学生个体创新素质养成的决定性阶段。要想30年后我国科技创新的大树枝繁叶茂，就必须扎扎实实地培育好当下的创新幼苗，做好基础教育阶段的科学教育工作。

发展科学教育，教育主管部门和学校应当负有责任，但不是全责。科学教育是有跨界特征的新事业，只靠教育家或科学家都做不好这件事。要把科学教育真正做起来并做好，必须依靠全社会的参与和体系化的布局，从战略规划、教育政策、资源配置、评价规范，到师资队伍、课程教材、基地建设等，形成完整的教育链，像打造共享经济那样，动员社会相关力量参与科学教育，跨界支援、协同合作。

正是秉持上述理念和态度，浙江教育出版社联手中国科学院科学传播局，组织国内科学家、科普作家以及重点中学的优秀教师团队，共同实施"青少年科学素养提升出版工程"。由科学家负责把握作品的科学性，中学教师负责把握作品同教学的相关性。作者团队在完成每部作品初稿后，均先在试点学校交由学生试读，再根据学生的反馈，进一步修改、完善相关内容。

"青少年科学素养提升出版工程"以中小学生为读者对象，内容难度适中，拓展适度，满足学校课堂教学和学生课外阅读的双重需求，是介于中小学学科教材与科普读物之间的原创性科学教育读物。本出版工程基于大科学观编写，涵盖物理、化学、生物、地理、天文、数学、工程技术、科学史等领域，将科学方法、科学思想和科学精神融会于基础科学知识之中，旨在为青少年打开科学之窗，帮助青少年开阔知识视野，洞察科学内核，提升科学素养。

"青少年科学素养提升出版工程"由"中国青少年科学教育丛书"和"中国青少年科学探索丛书"构成。前者以小学生及初中生为主要读者群，兼及高中生，与教材的相关性比较高；后者以高中生为主要读者群，兼及初中生，内容强调探索性，更注重对学生科学探索精神的培养。

"青少年科学素养提升出版工程"的设计，可谓理念甚佳、用心良苦。但是，由于本出版工程具有一定的探索性质，且涉及跨界作者众多，因此实际质量与效果如何，还得由读者评判。衷心期待广大读者不吝指正，以期日臻完善。是为序。

2022 年 3 月

目录

第 1 章

构成物质的微粒

　　各种精美绝伦的数码相片都是由一个个方形的像素组合而成的，像素是数码影像的"基本单元"。各种各样的物质，其构成的基本单元是什么呢？人们很早就开始思考这个问题，现在终于知道，物质是由一些微小的粒子构成。人们是怎样获得这样的认识的呢？

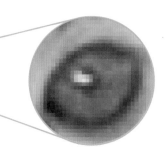

图 1-1　像素构成数码影像的基本单元

物质的构成

　　对于物质的构成，中国古代政治家管仲撰写的《管子》中写道:"水者，何也? 万物之本原也。"(水是什么? 水是万物的本源。)中国古代"五行说"认为世间万物都是由金、木、水、火、土这五行组成的，"五行"是构成宇宙万物、产生各种自然现象变化的基础。同时，五行又是由阴、阳两气相互作用而产生的，两者相互搭配，产生了世界的千变万化(图1-2)。

图1-2　中国古代"五行说"

图1-3　亚里士多德的"四元素说"示意图

　　西方古代思想家们对这一问题也进行了深入思考。亚里士多德提出了系统的"四元素说"，他认为地球上的万物由土、水、气、火四种元素组成，这些元素是永恒的，它们既不能随意产生，也不能被消灭。这种观点在相当长的一段时间内影响着人类科学的

图1-4 德谟克利特

发展。

在众多早期对物质构成的认识中，古希腊哲学家德谟克利特的说法与现代的科学理论最为接近。德谟克利特认为：世界是由原子与虚空构成，原子是"最后的不可分的物质微粒"，虚空是绝对的空无，是原子运动的场所。德谟克利特还认为每种物质都是由不同的原子构成的，而且原子的特性决定了物质的性质。

然而，德谟克利特并没有用实验证明原子的存在，只能说他"猜准了"。在科学领域中，没有得到事实证明的猜测，永远只能是猜测，不能成为理论。

19世纪，英国化学家约翰·道尔顿根据研究气体时得到的证据，提出了他的原子学说。道尔顿认为：物质是由原子构成的，原子是不可再分的球体；在化学变化中，原子的种类和数量保持稳定；同种元素的原子性质和质量完全相同。道尔顿的近代原子学说对化学的发展起了重大的作用。

现代科学已经证实了原子的存在，并发现有些物质是由原子直接构成的，如金刚石、石墨、金属等。

图1-5 约翰·道尔顿

图 1-6　比利时布鲁塞尔的原子塔由 9 个圆球组成，每个圆球象征着一个铁原子，连接圆球的钢管象征原子之间的引力

除了原子能构成物质外，分子、离子也能构成物质。例如：氧气、水、酒精等是由相应的分子构成的；氯化钠、碳酸钙则是由相应的离子构成的。

人们总希望亲眼看看原子、分子等这些粒子的真实面貌。在 20 世纪 80 年代，科学家借助神奇的扫描隧道显微镜获得了漂亮清晰的图像，让我们真正看到了原子和分子的模样（图 1-7）。

图 1-7　我国科学家拍摄到的水分子内部结构

电子的发现

"原子"一词来自希腊语"atomos",意为"不可分割",这一观点一直为人们所接受,直到电子的发现才被彻底否定。

1859 年,德国的普吕克尔利用阴极射线管进行放电实验时,看到了正对着阴极的玻璃管壁上发出绿色的辉光。后来科学家把这种射线命名为阴极射线。阴极射线是由什么组成的?英国物理学家瓦尔利发现阴极射线在磁场中会发生偏转(图 1-8),于是提出阴极射线是由带负电的微粒组成的。但也有科学家认为这种阴极射线是电磁波。对于阴极射线的本质,科学家们一时得不出公认的结论,争论延续了 20 多年。

1897 年,英国物理学家约瑟芬·约翰·汤姆逊做了一系列阴极射线实验,他发现在射线管的外面加上电场,阴极射线也会发生偏折。汤姆逊从测定阴极射线的曲率半径着手,测定了电荷值

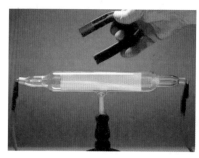

图 1-8 加磁场后阴极射线发生偏转

图 1-9 汤姆逊在做阴极射线实验

与质量的比值，证实了阴极射线是由带负电的微粒组成的。最后，汤姆逊计算出这些带负电微粒的质量是氢原子质量的千分之一（现在公认的值是 1/1836 或 1/1837）。汤姆逊称这种极小质量的带负电的微粒为电子，它是原子的一部分。

汤姆逊的发现在科学界引起了极大震动，使人们看到一向被认为不可分的原子具有复杂的内部结构，从而给科学家提出了研究原子结构的课题。

夸　克

著名的物理学家卢瑟福通过对 α 粒子散射实验的精确分析和计算，于 1911 年提出了原子核式结构模型。1919 年，卢瑟福在用 α 粒子轰击氮原子核时发现了质子，之后他又预言不带电中子的存在。1930 年，德国物理学家博特和贝克尔发现金属铍在 α 粒子轰击下，会产生一种贯穿性很强的射线。1932 年，约里奥·居里夫妇重复了这一实验，他们惊奇地发现，用这种射线去轰击石蜡，竟能从石蜡中打出质子来。查德威克很快重复了上面的实验。他用 α 粒子轰击铍，再用铍产生的射线轰击氢、氮，结果打出了氢核和氮核。查德威克认为，只有假定从铍中放出的射线是一种质量跟质子差不多的中性粒子，才能解释上述现象。由此，查德威克认定中子存在。

至此，组成原子的电子、质子和中子都被发现了，人们称这三种粒子为基本粒子。到 20 世纪后期，科学家们开始猜想某些粒子可能还有其内部结构（图 1-10）。

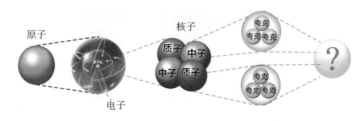

图 1-10　微观粒子层次结构

图 1-11　"夸克之父"默里·盖尔曼

1964 年，美国物理学家默里·盖尔曼提出"夸克模型"，认为质子和中子不是基本粒子，而是由三个夸克组成的。夸克有上夸克（简称 u）、下夸克（简称 d）、奇异夸克（简称 s）等多种类型，每个夸克带 $\pm\frac{1}{3}$ 的电量或 $\pm\frac{2}{3}$ 的电量。

质子由两个上夸克和一个下夸克组成，中子由两个下夸克和一个上夸克组成。而上夸克带 $+\frac{2}{3}$ 的电荷，下夸克带 $-\frac{1}{3}$ 的电荷（图 1-12）。

图 1-12 中子（左）和质子（右）的夸克结构

这样，我们可以进行计算：

$$质子的电荷数 = \frac{2}{3} + \frac{2}{3} - \frac{1}{3} = +1$$

$$中子的电荷数 = \frac{2}{3} - \frac{1}{3} - \frac{1}{3} = 0$$

1967－1973 年，美国物理学家弗里德曼、肯德尔和加拿大物理学家泰勒在实验中相继发现了夸克存在的证据。虽然夸克模型取得了巨大成功，但科学家们对物质微观结构的研究并没有停止。目前，科学家找到了更多种类的夸克，并发现 400 多种不同的粒子。

粒子加速器

要知道鸡蛋是由什么构成的，一个简单的方法就是把鸡蛋打破。要想了解微观粒子的内部结构，首先也要把它"打破"。但这件事做起来并不容易，因为这要求有能量足够大的"炮弹"。

卢瑟福用天然放射性元素放射出来的 α 粒子轰击金箔，研究原子内部结构获得了成功。但天然放射性元素放射出来的 α 粒子速度小、能量低。如何获得速度更大、能量更高的粒子，来轰击更小的粒子，以了解这些粒子的内部结构呢？粒子加速器能完成这一任务。

粒子加速器就是通过一定的方法，让一些粒子加速以获得更大的能量，然后用这些高速粒子去"打破"被测粒子，可以使粒子的微观结构发生最大程度的变化，进而使我们了解粒子的性质和组成。

欧洲大型强子对撞机是目前全球最大、能量最高的粒子加速器，它埋入地下 100 米，主要由一个 27 千米长的超导磁体环和许多促使粒子能沿着特定方向运动的加速装置组成，可在微观尺度上还原宇宙大爆炸后的宇宙初期形态，帮助科学家研究宇宙起源并寻找新粒子。

图 1-13 欧洲大型强子对撞机所在的地面区域（圆环是对撞机的隧道所在位置）

图 1-14 欧洲大型强子对撞机内部结构

分子概念的建立

自从道尔顿提出原子概念之后，人们一直认为物质是由原子构成的，但后来发现很多现象无法用原子理论进行解释。由此人们意识到物质并非都是由原子构成的，并提出了分子这一概念。说到分子概念的建立，我们必须从波义耳和查理两位科学家对气体性质的研究谈起。

英国科学家波义耳和法国科学家查理曾着力于研究气体的温度、体积、压强与微粒个数之间的关系。他们的研究结果表明：在温度、压强相同的条件下，相同体积的气体中，所含气体微粒的个数是相同的。例如，在 0 ℃、标准大气压下，1 升氨气、氯化氢或水蒸气中，含有同样多的分子，后来证明都是 2.69×10^{22} 个分子。

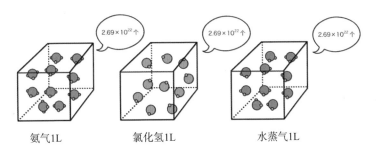

氨气1L　　　　　氯化氢1L　　　　　水蒸气1L

图 1-15　同温、同压条件下，相同体积的不同气体，含有相同的分子个数

1808 年，法国化学家盖·吕萨克在研究气体与气体发生化学

反应时发现，2 体积氢气和 1 体积氧气反应后，总是产生 2 体积温度、压强均相同的水蒸气，各种气体的体积之比为 2∶1∶2（图 1-16）。以此实验结果为基础，盖·吕萨克发表了"气体化合体积定律"，即气体发生化学反应时，反应物与生成物之间，存在简单而固定的比例。

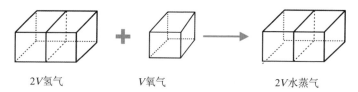

2V氢气   V氧气   2V水蒸气

图 1-16　氢气和氧气反应，生成水蒸气，各气体的体积比为 2∶1∶2（V 表示体积）

这一定律能否用道尔顿的原子理论进行解释呢？道尔顿认为物质是由原子构成的，氢气、氧气和水蒸气分别是由氢原子、氧原子和水原子构成的。氢气和氧气的反应按以下方式进行：

1 个氢原子＋1 个氧原子＝1 个水原子

若 2 体积氢气中有 $2n$ 个氢原子，1 体积氧气中有 n 个氧原子，2 体积水蒸气中有 $2n$ 个水原子。当氢气、氧气反应时，氢原子有 $2n$ 个，需要 $2n$ 个氧原子，才能生成 $2n$ 个水原子。可实际上氧原子只有 n 个，这样每个水原子是由 1 个氢原子和半个氧原子反应而成（图 1-17）。然而这与道尔顿认为的"原子是最小的微粒，不可再分割"相矛盾了。

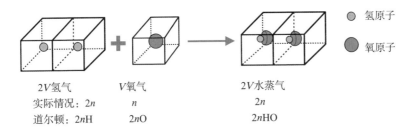

○ 氢原子

● 氧原子

2V氢气　　　　　V氧气　　　　　　2V水蒸气
实际情况：2n　　　　　n　　　　　　　　2n
道尔顿：2nH　　　　　2nO　　　　　　　2nHO

图 1-17　道尔顿原子模型无法解释氢气氧气反应时的体积比问题

　　为了坚持自己的原子理论，道尔顿给出了这样的解释：2 体积氢气中的原子个数与 1 体积氧气中的原子个数相同。这样 2 个氢原子和 2 个氧原子反应生成 2 个水原子。这一观点与波义耳、查理的研究得出的规律不符合。如何解决这一矛盾呢？

　　1811 年，意大利物理学家阿伏伽德罗提出了分子概念。他认为，氢气、氧气等单质分子中，各有 2 个原子，1 个水分子由 2 个氢原子和 1 个氧原子构成（图 1-18），这样就能很好地解释盖·吕萨克的实验现象了（图 1-19）。

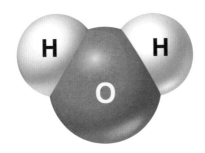

图 1-18　水分子模型

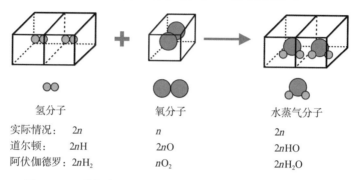

2 体积氢气＋1 体积氧气＝2 体积水蒸气

	氢分子	氧分子	水蒸气分子
实际情况：	$2n$	n	$2n$
道尔顿：	$2n$H	$2n$O	$2n$HO
阿伏伽德罗：	$2n$H$_2$	nO$_2$	$2n$H$_2$O

图 1-19　阿伏伽德罗的分子说解决了氢气氧气反应时的体积比问题

　　当然用我们现有的化学知识，便很容易理解上面的 3 层关系，既能层层互相联系，各自又很合理。阿伏伽德罗提出的分子概念是从道尔顿的原子理论中分化出来的，这种分子概念是阿伏伽德罗根据宏观实验现象所做的假想，是阿伏伽德罗从困境中解救了道尔顿，然而道尔顿却不相信阿伏伽德罗的说法。

　　分子概念的建立，使许多化学反应现象得以圆满解释，它是化学史上的一大突破。

原子的产生

　　物质是以原子作为基础构成的，自然界中的物质种类数不胜数，但构成物质的原子种类却少得惊人。绝大部分物质是由氢、碳、氧、氮、硅、铝、铁、钙等90多种原子，通过不同的方式组合构成的。这好比26个英文字母可以组成数量繁多的单词一样。那么这些原子是怎么产生的呢？

大约在138亿年前，"宇宙蛋"发生了无与伦比的爆炸，即"宇宙大爆炸"（图1-20）。原子、时间、空间都是从那时候开始的。

图1-20　宇宙大爆炸模拟图

大爆炸使"宇宙蛋"破碎，其碎片到处飞散，这些碎片中就有氢。氢在宇宙里像云一样扩散开来，渐渐有浓稀之分。浓的地方相互之间的引力也随之增大，它继续聚集周围的"氢云"，以致浓度越来越大，中心部分变成高压区。然后摩擦生热，高温高压的中心部分发生两个氢原子结合起来变成氦原子的核聚变反应，并产生大量能量（图1-21）。

随着时间的推移，核聚变会形成原子质量略重的一些原子，如碳、氮和氧。例如3个氦原子核聚变成1个碳原子；1个氦原子

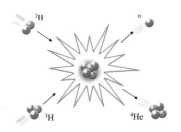

图 1-21　氢原子的核聚变反应

核与 1 个碳原子核能聚变成氧。就这样，更大的原子接二连三地诞生了。不过，由核聚变而产生的原子到铁为止，比铁原子还大的原子是不能通过核聚变产生的，它们是在超新星爆炸的过程中产生的。就这样，宇宙里诞生了多种原子，这些原子集合起来形成了多种多样的物质。

反物质

　　人类总想遨游太空，看看茫茫宇宙中到底有些什么。这时，碰到的最大难题之一便是如何解决火箭的动力问题。太空迷展望未来，认为可利用正物质与反物质相遇所释放的巨大能量来推动火箭，使火箭飞往遥远的星球。什么是正物质与反物质？为什么两者相遇能释放巨大的能量？

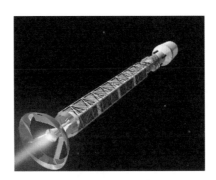

图 1-22 美国航空航天局（NASA）设
想的反物质推进火箭

　　1928 年，英国物理学家保罗·狄拉克首先提出了反物质的概
念。他预言，每一种粒子都应该有一种与之相对的反粒子，如：
反电子，其质量与电子完全相同，而携带的电荷正好相反；反质
子，其质量与质子完全相同，但带一个单位负电荷。所谓反物
质，就是完全由反粒子构成的物质。1932 年，加州理工学院的一
位科学家发现了正电子，证实了狄拉克的理论。1957 年，加州大
学的科研人员成功研制出了反质子，进一步确证了狄拉克的理论。
2016 年 3 月 10 日，中国科学院上海光机所强场激光物理重点实
验室宣布其利用超强超短激光成功产生了反物质——超快正电子
源，这是我国科学家首次利用激光成功产生反物质。

　　以氢原子为例，通常情况下，氢原子核中有 1 个带正电荷的
质子，核外有 1 个带负电荷的电子绕核运动。但在反氢原子中，
其核中有 1 个反质子，核外有 1 个带正电的反电子（正电子）绕
核运动（图 1-23）。

图 1-23　正氢原子和反氢原子

　　物质和它的反物质相遇时，会发生完全的物质—能量转换，产生能量，此过程称为正反物质的湮灭（图 1-24）。由于正反物质湮灭时质量几乎损失殆尽，产生的能量比相同质量的重核裂变和轻核聚变产生的能量大得多。氢弹中的轻核聚变所发生的质能转换约为 7%，而正反物质的湮灭，所发生的质能转换则为 100%。科学家由此推算 1 克反物质与 1 克正物质相互碰撞而湮灭时所释放出的能量为 1.8×10^{14} 焦，而不到 500 克反物质的破坏力超过世界上最大氢弹的威力。有人就设想利用反物质来制造破坏力强大的反物质武器。

图 1-24　物质与反物质湮灭释放出高能光子

　　诺贝尔物理学奖得主丁肇中教授认为，如果反物质确实存在，当正物质与反物质碰撞时就可以产生巨大的能量。"但是，从这一领域发展的历史来看，人们要有思想准备，也许我们会发现意想不到的东西，与原先想研究的东西毫无关系。"另外也有说法称，正反物质对撞所释放的能量主要为光能而非内能，其威力可能没有我们想象的那么巨大，仅为核裂变释放能量的数倍而不是数千倍。如果反物质的能量并不像想象中的巨大，那么人们为开发反物质应用而付出的努力或许只是白费。

有些科学家认为反物质最早出现在宇宙"大爆炸"初期。那次爆炸不但产生了所有正物质，也产生了所有反物质，但后来反物质和正物质几乎全部湮灭了，只是正物质多了一点点。于是寻找和发现反物质就成了科学家迫切的愿望之一。由丁肇中教授领导的"阿尔法磁谱仪"实验就是在茫茫太空中寻找那些没有湮灭的反物质。

? α 粒子是氦核，它是由 2 个质子和 2 个中子结合，质量数为 4。若有反 α 粒子，它的质量数和电荷数分别为多少？

链接

神秘的通古斯大爆炸

1908 年 6 月 30 日，俄罗斯西伯利亚森林的通古斯河畔，突然爆发出一声巨响，巨大的蘑菇云腾空而起，天空出现了强烈的白光，爆炸中心区草木烧焦，超过 2150 平方千米内的 6000 万棵树倒下，70 千米外的人也被严重灼伤。此次爆炸还影响到了其他国家。据说，英国伦敦的许多电灯骤然熄灭；欧洲许多国家的人们在夜空中看到了白昼般的闪光；甚至有美国人感觉到大地在抖动。后来科学家估计，此次爆炸的破坏力相当于 1500 万～2000 万吨 TNT 炸药。人们笼统地把这次爆炸称为"通古斯大爆炸"。

通古斯大爆炸的起因是什么？1921 年，物理学家库利克率领考察队前往通古斯地区考察。他们宣称，爆炸是由一次巨大的陨星撞击造成的，但他们却始终没有找到陨星坠落的深坑，也没有找到陨石，只发现了几十个平底浅坑。

1965 年，三位美国科学家宣称，通古斯大爆炸事件可能是从太空降到地球来的一种反物质造成的。他们在调查报告中说，

图 1-25 陨石撞击地球想象图

当天，一个由反物质组成的陨石意外地闯入了地球并导致了这场灾难。他们认为：0.5 克"反铁"与 0.5 克铁相撞，就足以产生大于在广岛爆炸的那颗原子弹的破坏力。

还有很多关于通古斯大爆炸起因的假说与猜测，如"核爆炸说""外星飞船爆炸说""彗星撞击说"等，但均没有得到普遍的认可。

第2章

元素周期表及元素

　　大约在 200 年前，科学家发现了多种元素。这些表面上看似乎杂乱无章的元素（图 2-1）之间是否存在什么规律？在乱象中寻找规律是人类的天性之一。科学家们也试图对这些元素进行排列，以便找出它们之间联系的规律。元素按怎样的方式排列才能很好地反映其内在的规律呢？

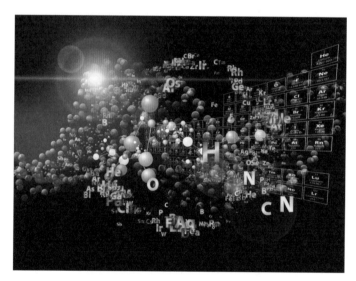

图 2-1　无序的元素

元素周期表的诞生

元素周期表被称为化学家的地图，根据化学元素在这张地图中所在的位置，我们就能初步推断出元素的基本性质。元素周期表揭示了化学元素之间联系的规律。

19 世纪 60 年代，人们已经发现了 63 种元素，这些元素各自具有不同的性质。此时，一个问题摆在科学家的面前：这些元素

图 2-2　英国化学家纽兰兹

的性质差异，是否遵循着某种规律呢？许多人对此开展了研究。

1865 年，英国化学家纽兰兹将元素按照它们的原子质量进行排列，发现每隔 8 个元素，就会出现性质相似的元素。遗憾的是他的发现只适用于当时已知的前 15 种元素，此外，他也没能找到剩余元素之间的联系。其他科学家取笑他的想法，甚至讽刺他说"把元素按照字母表顺序进行排列说不定会更好"。

1869 年，俄国科学家门捷列夫发现，一些元素具有相似的化学和物理性质。例如，氯和氟都是气体，都会刺激和损伤人的肺部；银和铜都具有金属光泽，但暴露在空气中会逐渐失去光泽。门捷列夫相信，这些性质将是他寻找元素内在规律的重要线索。

ОПЫТЪ СИСТЕМЫ ЭЛЕМЕНТОВЪ,
ОСНОВАННОЙ НА ИХЪ АТОМНОМЪ ВѢСѢ И ХИМИЧЕСКОМЪ СХОДСТВѢ.

```
                          Ti=50     Zr= 90    ?=180
                           V=51     Nb= 94    Ta=182
                          Cr=52     Mo= 96    W=186
                          Mn=55     Rh=104.4  Pt=197.1
                          Fe=56     Ru=104.4  Ir=198
                       Ni=Co=59     Pd=106.6  Os=199
H=1                        Cu=63.4   Ag=108    Hg=200
        Be=9.4 Mg=24      Zn=65.2   Cd=112
          B=11  Al=27.3    ?=68     Ur=116    Au=197?
          C=12  Si=28      ?=70     Sn=118
          N=14  P=31      As=75     Sb=122    Bi=210?
          O=16  S=32      Se=79.4   Te=128?
          F=19  Cl=35.5   Br=80     I=127
Li=7    Na=23   K=39      Rb=85.4   Cs=133    Tl=204
                Ca=40     Sr=87.6   Ba=137    Pb=207
                 ?=45     Ce=92
               ?Er=56     La=94
               ?Yt=60     Di=95
             ?In=75.6     Th=118?
```

Д. Менделѣевъ.

图 2-3　门捷列夫和他的第一张元素周期表

图 2-4　失去光泽的银器（左）和铜器（右）

为了寻找这样的规律，门捷列夫为每个元素制作了一张卡片，写上熔点、密度和颜色等。他把原子量（现称"相对原子质量"）也写在卡片上。门捷列夫试着将这些卡片按不同方式进行排列，结果发现，当元素按原子量递增的顺序进行排列时，元素的性质会重复，呈现出某种规律性，于是他把化学性质相似的元素排在同一列上。

在按照这个规律排时，门捷列夫发现：有些位置会出现空缺。门捷列夫认为这些空位是一些我们尚未发现的元素。例如，在锌和砷之间有两个空位，上面对应于铝和硅。他把这两个未知元素分别命名为"类铝"和"类硅"，并按照它们在周期表中的位置和上下左右邻居元素的性质推测出这些空缺元素的性质。例如他推测：锗的相对原子质量为72、化合价为+4……（表2-1）若干年后，镓和锗这两种元素果然被发现了，它们的性质和门捷列夫预测的几乎一样。

图2-5　门捷列夫的难题

表2-1　门捷列夫的预言和锗的性质

性 质	预 言	实 际
原子量（相对原子质量）	72	72.64
化合价	+4	+2和+4
密度（克／立方厘米）	5.5	5.35
颜色	灰色	灰色
熔点	高	937.4℃
氧化物	XO_2	GeO_2
氯化物	XCl_4	$GeCl_4$
氯化物沸点	90℃	84℃

　　门捷列夫也曾指出当时测定的某些元素原子量的数值有错误，所以他的周期表并没有完全机械地按照原子量数值的大小进行排列。例如，当时测得铍的原子量为 13.5，按这个值铍应该排在碳和氮之间，但根据铍的性质，门捷列夫认为它只能排在锂和硼之间。门捷列夫的预言在实验中获得了证实，门捷列夫的元素周期表也因此得到了广泛的认可。

　　在门捷列夫时代，人们还不知道原子的结构，因此也不知道这种规律背后的真正原因。后来，通过英国科学家莫斯莱的工作，人们发现原子核里的质子数决定了元素的化学性质。元素周期所反映的实际上是元素随核电荷数增加时最外层电子数周期性变化的结果。现代的元素周期表是根据元素的核电荷数从小到大，并按原子结构规律排列而成的。

　　自门捷列夫总结的元素周期表问世以来，元素周期表的结构经历过重大调整，元素周期表的多种修订版相继出现，但任何一版都留出了有待填补的空位。每当有新元素被发现时，它们就被填补进元素周期表，但不可能出现两种不同的元素处于元素周期表上同一个位置的情况。

　　最近一次元素被正式确认是在 2015 年 12 月 30 日。国际纯粹与应用化学联合会（IUPAC）宣布，第 113（Nh）、115（Mc）、117（Ts）、118（Og）号元素存在，并被加入到元素周期表中。自此，周期表的第 7 行就完整了（图 2-6）。

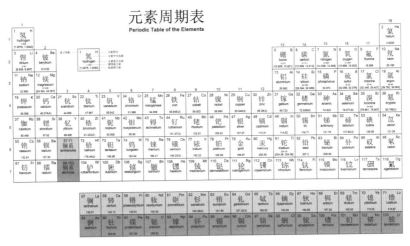

图 2-6　现代元素周期表

链接

Og——第 118 号化学元素

　　第 118 号元素 Og 是一种人工合成的稀有气体元素，原子序数为 118。在元素周期表上，属于 18 族、第 7 周期中的最后一个元素，其原子序数和相对原子量为所有已发现元素中最高的，是人类已合成的最重元素。

　　该元素由美国和俄罗斯的科学家联合合成，为向极重元素合成先驱者、俄罗斯物理学家尤里·奥加涅相致敬，研究人员将第 118 号元素命名为 Oganesson，缩写 Og。

对元素周期表的认识

到目前为止，人类总共发现了
118 种元素。在这些元素中，可以
在地球上稳定存在的元素是原子序
数 1 的氢（H）到原子序数为 92 的
铀（U）（图 2-7）。其中，原子序数
为 43 的锝（Tc）没有稳定的同位素，
会发生衰变，所以它在地球约 46 亿
年的历史里渐渐消失了。因此，地

图 2-7　沥青铀矿是提取铀元素的最主要的矿物

球上实际存在的元素只有 91 种。原子序数为 93 及其后面的元素，
除去一些例外，都是人工核反应发现和制取的，被称为超铀元素。
超铀元素大多不稳定，它们的半衰期很短，这给人工合成这些元
素带来了困难。

　　族　元素周期表最上面从左向右共有 18 列，也称 18 族。
同一族中的元素具有相似的化学性质，如果知道了某种元素属
于哪一族，就可以推出这种元素的大体性质。例如，第 1 族中
除氢外，都是非常活泼的金属元素，都能与水发生剧烈反应。
铯是第 1 族元素，也具有相似的性质。元素周期表有多种功能，
在这些功能中，"元素所属族不同，其性质也不同"可以说是它
最有用的功能。

　　周期　元素周期表左边从上到下依次为数字 1～7，它们被

称为周期序号。同一行元素周期数相同。在同一周期内，从左
至右，元素性质呈规律性递变。例如第 4 周期，靠左边的元素
是非常活泼的金属钾和钙，中间的金属（如镍、铜等）活泼性
较差，靠右边的是非金属（如硒、溴等）和非常不活泼的稀有
气体（如氪等）。

同位素及其用途

　　考古学家从地下挖掘出一块远古时期的骨头化石，想知道这
是什么年代留下的骨头，怎么办呢？碳同位素（^{14}C）测定可以帮
助我们知道骨头的年代。碳同位素测年是考古学最为准确的断代
方法之一，测年误差相对较小。为什么通过碳同位素能测出骨头

图 2-8　利用碳同位素（^{14}C）可测出骨头的年代

的年代？这先得了解同位素的有关知识。

质子数相同而中子数不同的原子，叫作同位素，所有原子都有同位素。如氢有三种同位素：氕（H）、氘（重氢）和氚（超重氢），它们原子核中的质子都为 1 个，但中子数分别为 0 个、1 个及 2 个（图 2-9）。同位素的表示方法是在该元素符号的左上角注明质量数（质子数 + 中子数），例如氢的三种同位素可分别表示为：^1H、^2H、^3H。

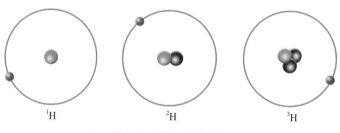

^1H　　　　　^2H　　　　　^3H

图 2-9　氢的三种同位素

同位素在元素周期表中处在同一个位置，化学性质几乎相同。因此，氕（^1H）、氘（^2H）和氚（^3H）都会与氧的各种同位素反应，生成不同种类的水。而生成物轻水（^1H_2O）、重水（^2H_2O）的化学性质也几乎相同。由于同位素的原子质量不同，导致其放射性转变和物理性质有所差异。例如，铀（U）有两种同位素，一种是核反应堆的原料 ^{235}U，另一种 ^{238}U 不能作为核反应堆的原料。轻水（^1H_2O）和重水（^2H_2O）由于其质量不同，分子运动能力也稍微有所不同。

在自然界中天然存在的同位素称为天然同位素，人工合成的同位素称为人造同位素。具有放射性的同位素称为放射性同位素，每一种元素都有放射性同位素。

碳有三种同位素，分别是：碳 12（^{12}C）、碳 13（^{13}C）和碳 14（^{14}C），三者在自然界中的含量比为 98.9：1.1：10^{-10}，其中只有碳 14 具有放射性。生物体在活着的时候通过呼吸、进食等方式不断从外界摄入碳 14，体内碳 14 与碳 12 的比例与外界环境相一致。生物体死亡后，碳 14 停止摄入，之后因遗体中碳 14 的衰变而使遗体中碳 14 与碳 12 的比例发生变化。而在自然界中，碳元素各个同位素的比例一直都很稳定。所以，通过检测骨头中碳 14 与碳 12 的比值，人们可推断出该生物的死亡年代。人们也常常用同位素来检测文物的年代（图 2-10）。

图 2-10　经碳 14 测定公元 4 世纪是敦煌莫高窟的创建期

除了用碳 14 进行同位素年代测定外，还可以用钾－氩法、铀－铅法等方法进行年代测定，这些方法的基本原理都是相同的。1974 年在埃塞俄比亚发现了一具古人类化石（图 2-11），考古学家用钾－氩法测定其年代，认定她生活在 320 万年之前，是历史

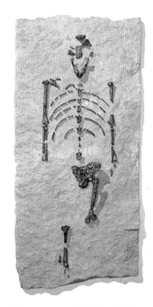

图 2-11　人类祖母"露西"的骨骼化石

最悠久、保存最完整的古人类化石之一。这具化石被称为"露西"，缘于发现者在当时播放了一首披头士乐队的歌曲 *Lucy in the Sky with Diamonds*。

　　同位素还有许多重要的用途，同位素示踪法就是其中的一种。我们可以利用放射性同位素作为示踪原子来研究光合作用过程中某些物质的变化过程，从而揭示光合作用的机理。例如，美国科学家鲁宾和卡门研究光合作用中释放的氧到底是来自于水，还是来自于二氧化碳。他们用氧的同位素 ^{18}O 分别标记水（H_2O）和二氧化碳（CO_2），使它们分别成为 $H_2^{18}O$ 和 $C^{18}O_2$，然后进行两组光合作用实验：第一组向绿色植物提供 H_2O 和 $C^{18}O_2$，第二组向同种绿色植物提供 $H_2^{18}O$ 和 CO_2。在相同条件下，他们对两组光合作用释放的氧进行了分析，结果表明第一组释放的氧全部是 O_2，第二组释放的氧气中的氧元素全部是 $^{18}O_2$，从而证明了光合作用释放的氧气中的氧元素全部来自水(图 2-12)。

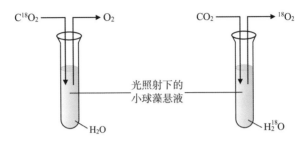

图 2-12　光合作用释放的氧全部来自水

相对原子质量测定的历史

　　原子的实际质量很小，例如，一个氢原子的质量为 1.674×10^{-27} 千克，一个氧原子的质量为 2.657×10^{-26} 千克，如果我们在应用中用原子的实际质量来参与计算，将会非常麻烦，因此，人们提出了相对原子质量的概念。最早提出原子量（现称"相对原子质量"）这一概念的是英国科学家约翰·道尔顿。1803 年，道尔顿选择最轻的氢原子作为相对原子质量的基准，确定氢的相对原子质量为 1，作为比较其他各元素相对原子质量的基准，计算了一些元素的相对原子质量。例如，他根据当时拉瓦锡测定水的组成成分：氢占 15 %，氧占 85 %，又根据他自己主观判断的方法认为水是由 1 个氢原子和 1 个氧原子组成的，化学式就是 HO。假设氧

的原子质量为 x, 并按此进行计算:

$$\frac{15}{85} = \frac{1}{x}, \ 得 \ x = 5.5$$

得出氧的相对原子质量是 5.5。虽然道尔顿得出的数字与现代数据相差甚远, 但是他的这项工作的方向是正确的, 使得化学科学向系统化、理性化迈进了一步。

1818 年, 瑞典化学大师贝采里乌斯将氧的相对原子质量定为 100, 并以此作为基准。他认为: "把氧相对原子质量与氢的相对原子质量比较, 氢相对原子质量不能提供任何优越性, 而且看来还可能引起许多不便, 因为氢是太轻的气体, 在无机化合物中又很少见到, 相反地, 氧却包含了一切优点, 它是一切有机体和多数无机体的组成部分。"贝采里乌斯在长达 20 多年的时间里, 孜孜不倦、专心致志地从事相对原子质量的测量工作, 分析了 2000 多种化合物的组成, 发表了 49 种元素的相对原子质量。

而后, 阿伏伽德罗、法国化学家杜马、意大利化学家康尼查罗等科学家都对相对原子质量的精确测定做出了很大贡献。

最早对相对原子质量进行精确测定的是比利时分析化学家 J.S. 斯塔斯, 他提出用氧原子质量的

图 2-13　贝采里乌斯

$\dfrac{1}{16}$作为基准，并测定了多种元素的精确相对原子质量，其精度可达小数点后 4 位数字，与现在相对原子质量已相当接近。这个方案沿用了很多年。

1957 年，美国质谱学家尼尔和化学家厄兰得提出以 ^{12}C 质量的$\dfrac{1}{12}$为基准的方案。1960 年国际理论与应用物理联合会接受了这项方案，于是一个为世界公认的新的原子质量基准诞生了。

现代测定相对原子质量的方法主要有化学方法和物理方法（质谱法）。用质谱法测定相对原子质量精度高，现代相对原子质量几乎都是由质谱法测定的。

1937 年，我国化学家梁树权利用化学方法测得铁的相对原子质量为 55.851，被 1940 年国际相对原子质量表采用。我国化学家、中国科学院院士张青莲（1983 年任国际相对原子质量委员会委员）等人于 1991 年、1993 年、1995 年精确测定了铟、铱、锑、铕、铈、铒、锗的相对原子质量，均被上述委员会采用为国际新数值。这是我国化学家对相对原子质量测定工作做出的贡献，也标志着我国在此科研领域达到了国际先进水平。

原子核外电子的排布

原子核外面有多个电子，这些电子是杂乱无章地围绕着原子核运动的吗？不是的，它是有一定规律的，我们可用核外电子的分层排布来进行描述。

原子核外的电子在离核远近不同的区域内绕核运转，类似于在田径场上赛跑，不同的运动员都在各自的跑道上跑步（图2-14）。为了能比较简单地说明电子分布问题，通常用电子层来形象化地表示运动着的电子离核远近的情况（图2-15）。实际上原子核外根本无层，我们只是用"层"来代表离核远近的区域。所以多电子原子中电子在原子核外不同的区域运动可简单而形象地称为分层运动，又叫核外电子的分层排布。

图 2-14　运动员在各自的跑道上跑步

核外电子分层排布有一定的规则。对 1～18 号元素，可简化记忆为：核外电子分层排布 2、8、8 规则。该规则是：先排靠近原子核最近的第一层，第一层最多排 2 个电子；第一层排满了再排第二层，第二层最多排 8 个电子；第二层排满了再排第三层，当第三层排到 8 个电子时，1～18 号元素的原子核外电子排布均

图 2-15　核外电子的分层排布

已包括在内了。

　　根据以上规则，我们可画出钠原子的结构示意图（图 2-16），它的具体含义如下：圆圈表示钠的原子核，内有 11 个带正电的质子，核外有 3 个电子层，第一层有 2 个电子，第二层有 8 个电子，最外层（第三层）有 1 个电子。

图 2-16　钠原子结构示意图

　　同样方法，可以画出 1～18 号元素核外电子的排布情况（图2-17）。

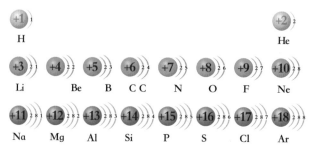

图 2-17　1～18 号元素核外电子排布

　　图 2-17 中的元素 Si，它处于元素周期表中的第几周期、第几族？它的周期号、族号与它的电子层数、最外层电子数有什么关系？

　　在化学变化中，各原子的原子核不会发生变化，但原子的最外层电子数可能发生改变。科学研究证明，许多原子在化学变化中，都有可能使自己的最外层电子数达到 8，从而使核外电子排布达到稳定，即此时很难再与其他物质发生反应。当原子的最外层电子数比较少时（1～3 个），这些原子比较容易失去最外层电子而使自己成为稳定结构，所以金属元素的原子比较容易失去电子。当原子的最外层电子数比较多时（6～7 个），这些原子比较容易得到电子而使自己成为稳定结构，所以非金属元素的原子比较容易得到电子。因为原子最外层电子数是决定原子得、失电子能力的主要因素，所以说元素的化学性质跟它的原子的最外层电子数目关系非常密切。

元素周期表可以很好地反映原子核外电子的排布情况：周期数与电子层数相同，如第一周期的元素；其原子核外有 1 个电子层，第二周期元素有 2 个电子层；族数与最外层电子数相同，如第一族的元素，其原子最外层有 1 个电子，第二族的元素最外层有 2 个电子。由于同族元素最外层电子数相同，因此具有相似的化学性质。

如果 17 号元素氯得到了一个电子，那么它的核外电子将如何排布？

是什么力量使离子、原子聚集在一起的

自然界中，有些物质是由分子构成的，如氢气、氧气、水；有些物质是由离子构成的，如氯化钠。无论分子还是离子都是由原子转化而来。是什么力量让钠离子、氯离子结合起来变成氯化钠，让两个氢原子结合起来变成氢分子呢？

我们知道，如果核外电子层只有一层，当电子数为 2 时，是稳定的；如果核外电子层有 2 层及以上时，最外层电子数为 8 时，

是稳定的。钠原子核外最外层有 1 个
电子，不稳定；氯原子核外最外层有
7 个电子，也是不稳定的。

当钠在氯气中燃烧时（图 2-18），
钠原子就把自己最外层的 1 个电子给
了氯原子，变成了带 1 个单位正电荷
的钠离子，次外层变成了最外层，有
8 个电子，达到稳定。氯从钠那里得

图 2-18　钠在氯气中燃烧

到一个电子之后，变成带 1 个单位负电荷的氯离子，最外层也有
8 个电子，也达到稳定。钠原子和氯原子通过电子的得失，都达
到稳定状态，变成了带有相反电荷的钠离子和氯离子，两者之间
相互吸引，构成了电中性的氯化钠（图 2-19）。

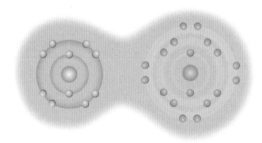

图 2-19　氯化钠中钠离子和氯离子相互吸引

与电子得失不同，使原子达到稳定的另一种方法是共享电子：
你出几个电子，我出几个电子，大家共用，相当于两个原子各自
都增加了几个电子，达到稳定状态。这些共享电子同时围绕两个
原子旋转，就把两个原子聚集在一起了。这种共享可发生在同类

原子之间，例如 2 个氢原子通过共享一对电子形成氢分子（图 2-20），2 个氧原子则是通过共享两对电子形成氧分子。

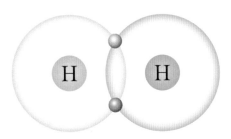

图 2-20　氢分子中 2 个氢原子共享 1 对电子

　　电子共享的结合方式也可发生在不同类的原子之间，例如一个氧原子和两个氢原子共享电子形成水分子（图 2-21）。许多分子，包括我们身体里的大分子，如蛋白质和核酸，都是靠电子共享形成的。

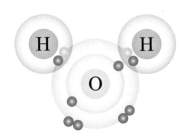

图 2-21　水分子中，1 个氧原子和 2 个
氢原子共享 2 对电子

第 3 章

金属元素

元素周期表有 110 多种元素，其中 75% 是金属元素。金属与人类生活的关系太密切了，从硬币到汽车，从钟表到卫星，都需要金属。那么，你对金属有多少了解呢？

图 3-1　金属制成的汽车变速箱

金属的性质

　　在常温下，除汞（水银）是液体以外，其余金属都是固体。除金、铜、铋等少数金属具有特殊的颜色（如金呈黄色，铜呈紫红色）外，大多数金属呈银白色。金属光泽只有在块状时才能表现出来，在粉末状态时，多数金属粉末呈灰色或黑色。例如，冲洗后的黑白胶卷的黑色部分就是因为表面有细微的颗粒状银（图3-2）。

图3-2　黑白胶卷底片

　　不同的金属，其密度、熔点、硬度等性质差别很大。人们通常把密度小于4.5克/厘米^{3}的金属叫作轻金属（如钾、钠、镁、铝等），把密度大于4.5克/厘米^{3}的金属叫作重金属（如铁、铜、镍、锡、铅等）。

　　金属一般都是电和热的良导体。银是电的最好导体，其次是在电力工业上广泛应用的铜，铝的导电性也很好，汞和铋的导电性较弱（图3-3）。金属的导电能力随着温度的升高而减弱。

金属导热性强弱的顺序和金属导电性强弱的顺序是基本一致的。这也就是说：导电性强的金属，其导热性也强；导电性弱的金属，其导热性也弱。

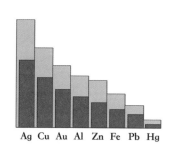

Ag Cu Au Al Zn Fe Pb Hg

图3-3　几种金属的导热性（空白柱体）和导电性（有斜纹柱体）的比较

图3-4　电脑主板芯片上覆盖铜质散热片

大多数金属有延性和展性，可以被抽成丝或压成薄片，还可以锻造、冲压、拉制、轧制成各种不同的形状。不同金属的延性和展性不同，其中以金的延性和展性最好，最薄的金箔只有1厘米的五十万分之一。也有少数金属的延性和展性很差，如锑、铋、锰等，它们受到敲打时，会破碎成小块。

一种元素所组成的单质与其他元素所组成的单质或化合物反应的难易程度和反应速率，称为该元素的化学活泼性。有些金属非常活泼，例如，钾、钠等金属如果暴露在空气或水中，将会发生剧烈的化学反应。为了避免这种反应，钾、钠和其他类似的金属平时必须保存在特殊的介质，例如煤油中。相对而言，金和铂的化学活泼性较差，不太容易与其他物质发生反应。

碱金属

元素周期表第ⅠA族的元素叫作碱金属（除氢元素外）（图3-5），这是因为碱金属都能和水发生反应，生成强碱性的氢氧化物。

碱金属有很多相似的性质：它们都是银白色的金属（铯略带金色光泽）、密度小、熔点和沸点都比较低；它们易失去最外层电子形成带一个单位正电荷的阳离子；它们质地软，可以用刀切开，露出银白色的切面；由于它们和空气中的氧气反应，切面很快便失去光泽。由于碱金属化学性质都很活泼，一般将它们放在矿物油中或封在稀有气体中保存，以防止与空气或水发生反应。

ⅠA
3 Li 锂
11 Na 钠
19 K 钾
37 Rb 铷
55 Cs 铯
87 Fr 钫

图3-5　碱金属

锂　锂的密度是0.534克/厘米^3，是密度最小的元素。锂与水反应速度较慢，一小块锂需要几分钟才能反应完。目前，锂作为电池的原料而被广泛应用（图3-6）。

图3-6　锂电池

钠　钠是碱金属中最常见的元素。海水中有大量的钠元素，通过电解氯化钠可得到金属钠。钠与水反应速度较快，一小

图3-7 用钠灯作路灯

块钠几秒钟就反应完毕。纯钠可用于制作钠灯。低压钠灯发出的是单色黄光，特别适合于交通道路照明。高压钠灯（图3-7）发出金白色光，具有发光效率高、耗电少、寿命长、透雾能力强的特点，广泛应用于道路、高速公路、机场、码头等照明。液态的钠有时用于冷却核反应堆。钠离子对神经细胞的正常工作也有重要作用。

钾 钾与水反应速度更快，一遇水就迅速反应释放氢气，同时释放的大量热会把氢气点燃，容易因此而发生爆炸。钾元素对神经信号的产生与传输至关重要，每个神经细胞的细胞膜上都有专门针对钾离子的通道（图3-8）。我们可以通过吃香蕉等水果来补充钾元素。钾是植物不可缺少的三大元素之一，缺钾会导致植株茎秆柔弱，易倒伏。植物燃烧时，有机物变成水和二氧化碳散失掉了，而钾等金属元素会以无机

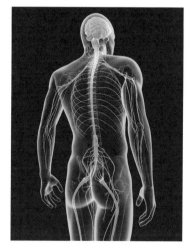

图3-8 钾元素在神经系统中有重要作用

盐（如 K_2CO_3）的形式残留在灰烬中。如果将灰烬溶于水中，所得的灰汁会因含有氢氧化钾而显碱性。

铷、铯、钫　铷与水的反应堪称暴烈，它触水即跳，四处游走。这主要是由于铷与水反应生成氢气速度太快，生成的氢气产生的反作用力推动剩余的铷。铯（图 3-9）与水反应的速度更加剧烈。钫极稀少，是地球上最后被找到的自然存在的元素。

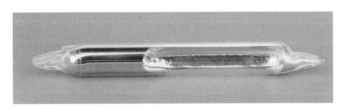

图 3-9　铯

碱土金属

碱土金属（图 3-10）指的是元素周期表上第ⅡA族的金属元素，包括铍、镁、钙、锶、钡、镭等，都是银白色、比较软、密度较小的金属。碱土金属电子层最外层有 2 个电子，发生化学反应时通常失去 2 个电子，变为带两个单位正电荷的阳离子。虽然碱土金属没有碱金属

图 3-10　碱土金属

活泼，但与其他大部分金属相比，它们的化学性质依然是比较活泼的。与碱金属一样，自然界中也未发现以单质形式存在的碱土金属。

铍 铍在自然界中含量很少，最早是科学家在绿柱石中发现的。目前生产的铍大多用于制造"铍青铜"合金。这种合金以高弹性、耐磨性著称，可用于制作弹簧。

图 3-11 绿柱石，主要含有铍、铝、硅、氧等元素

镁 镁和钙是最常见的两种碱土金属。混有少量铝和锌的镁合金既轻又结实，可用于制造飞机、照相机框架等。但这种合金容易生锈，必须在表面涂上高分子聚合物（塑料）等材料。镁在燃烧时能发出耀眼的白光，闪光弹、焰火及老式的照相机中都会用到镁。镁不但能与氧气反应，也能与氮气、二氧化碳反应，高温下也能与水反应。因此，镁着火时只能用沙扑灭。镁也是构成植物叶绿素的主要成分之一，没有镁，光合作用将不会发生。

图 3-12 单反相机的镁合金框架

钙 人体内含有 1 千克左右的钙，其中 99% 以上是以磷酸钙的形式存在于人体骨骼和牙齿中（图 3-13）。我们可以通过牛奶、豆制品等含钙丰富的食物来获取钙。在自然界中，钙主要以石灰石（主要成分为碳酸钙）的形式存在。石灰石煅烧后变成生石灰，化学式是 CaO，生石灰与水反应变成熟石灰，化学式是 $Ca(OH)_2$，

熟石灰吸收二氧化碳后又变成碳酸钙，化学式是 $CaCO_3$。

锶和钡　锶在自然界中含量较少，主要以化合态的形式存在。锶元素是一种人体必需的微量元素，具有防止动脉硬化，阻止血栓形成的功能。钡的化学性质十分活泼，我们从来没有在自然界中发现过钡单质。钡在自然界中最重要的化合物是硫酸钡和碳酸钡，两者皆不溶于水。硫酸钡可用作胃肠道造影剂，主

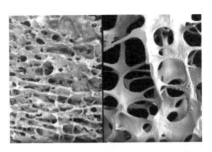

图 3-13　缺钙将引起骨质疏松，易骨折

图 3-14　锶和钡的化合物可用于制造烟火

要原因是，其在胃肠道内可吸收 X 射线而使其显影。一些金属或它们的化合物在灼烧时，会呈现不同的颜色。锶和钡的化合物也具有这样的特点，前者在火焰中生成鲜红色，后者在火焰中呈现绿色，可用于制造烟火。

　　硫酸钡和碳酸钡皆不溶于水，可用碳酸钡做肠胃造影剂吗？

过渡元素

过渡元素是元素周期表中 B 族和Ⅷ族的一系列金属元素，又称过渡金属（图 3-15）。金、银、铜、铁等我们常见的元素都是过渡元素。过渡元素大多有金属光泽，延展性、导电性和导热性都很好，不同的过渡元素（金属）相混合可制成多种合金。

21 Sc 钪 $3d^14s^2$ 44.96	22 Ti 钛 $3d^24s^2$ 47.87	23 V 钒 $3d^34s^2$ 50.94	24 Cr 铬 $3d^54s^1$ 52.00	25 Mn 锰 $3d^54s^2$ 54.94	26 Fe 铁 $3d^64s^2$ 55.85	27 Co 钴 $3d^74s^2$ 58.93	28 Ni 镍 $3d^84s^2$ 58.69	29 Cu 铜 $3d^{10}4s^1$ 63.55	30 Zn 锌 $3d^{10}4s^2$ 65.41
39 Y 钇 $4d^15s^2$ 88.91	40 Zr 锆 $4d^25s^2$ 91.22	41 Nb 铌 $4d^45s^1$ 92.91	42 Mo 钼 $4d^55s^1$ 95.94	43 Tc 锝 $4d^55s^2$ [98]	44 Ru 钌 $4d^75s^1$ 101.1	45 Rh 铑 $4d^85s^1$ 102.9	46 Pd 钯 $4d^{10}$ 106.4	47 Ag 银 $4d^{10}5s^1$ 107.9	48 Cd 镉 $4d^{10}5s^2$ 112.4
57~71 La~Lu 镧系	72 Hf 铪 $5d^26s^2$ 178.5	73 Ta 钽 $5d^36s^2$ 180.9	74 W 钨 $5d^46s^2$ 183.8	75 Re 铼 $5d^56s^2$ 186.2	76 Os 锇 $5d^66s^2$ 190.2	77 Ir 铱 $5d^76s^2$ 192.2	78 Pt 铂 $5d^96s^1$ 195.1	79 Au 金 $5d^{10}6s^1$ 197.0	80 Hg 汞 $5d^{10}6s^2$ 200.6

图 3-15　过渡元素

图 3-16　镀铬的摩托车引擎

过渡元素的化学性质没有第ⅠA族和第ⅡA族的元素活泼。因此，很多古代的金属制品经历千年而保留至今。4000 多年前的青铜器留存至今就是一个例证。再如，铬是一种银白色有光泽的金属，有很强的耐腐蚀性。因此，很多金属制品表面往往会镀上一层铬，既可起装饰作用，也能保护金属。

铂族　铂族元素包括钌、铑、钯、铱、锇、铂，以其特别的性能和稀缺性而著称，它们具有高强度、高密度、高熔点以及耐腐蚀的特点。铂是最稀有、最昂贵的元素之一，是首饰行业的宠儿。铂在工业中可做催化剂，将未充分燃烧的汽油和一氧化碳转变成二氧化碳和水。铱具有很好的耐热性和耐磨性，因此被用于制造汽车的火花塞（图 3-19）和钢笔的笔尖等。

图 3-17　钌、锇的晶体

图 3-18　铂锭

图 3-19　由铱制成的火花塞

金　铂族元素与金、银合称贵金属。金、银一直以来被用作昂贵的货币金属。由于金具有漂亮的金色光芒，并且非常稀有，因此，金常常被制成装饰品。金的化学活性非常弱，一般不会与其他物质发生反应，因此数千年前的金制品仍然光彩夺目。金也具有良好的导电性，且不会生锈，很多电子元件的接触处往往镀有金，如电脑芯片的插脚上就镀有金。

图 3-20　商周大金面具

银　银的化学性质不活泼，在自然界中有自然银的存在，但主要还是从同时含有铜、镍、铅的矿石中提取。

传统上，银主要用于制造饰品、银币（图 3-21）及一些器皿等。在 20 世纪，银的一个重要用途是用于照相。照相的底片、电影胶片及医用 X 光片等都含有银，其基本原理是将卤化银（如碘化银，化学式是 AgI）涂抹在片基上，当有光线照射到卤化银上时，卤化银转变为黑色的银，经显影工艺后固定于片基，成为我们常见的黑白负片。当时全球白银年产量的约 30%，就是以卤化银和硝酸银的形式被用于摄影行业。

银在太阳能电池中具有重要的作用。例如，太阳能电池正面那标志性的金属网格线通常

图 3-21　清代银元

是用银胶制成的（图3-22）。银的使用超过了太阳能电池48%的金属成本，科学家正在研究银的替代物，以降低太阳能电池的成本。

图3-22 太阳能电池上细线的主要材料是银

钴 铁、钴、镍能被磁体吸引，被称为铁磁金属。它们的化合物也常带有磁性。

图3-23 钴（左）和镍（右）

元代的青花瓷以氧化钴为颜料，在陶瓷坯体上描绘纹饰，然后覆盖一层较薄的透明釉，经高温一次烧制而成。那时，钴作为一种化学元素还未被确认。在20世纪以前，钴除了作为颜料外几乎没有什么用处。人们也用钴的氧化物来制造蓝色玻璃或者瓶子等。

20世纪早期，美国企业家发明了

图3-24 青花瓷

一系列由钴与铬构成的高强度、高耐磨的合金，可用于制作钻头和铣刀刀头（图3-25）等。如今，大部分钴仍然用于制造这些合金。

图 3-25　铣刀刀头

　　钴是磁化一次就能保持磁性的少数金属之一。20世纪40年代，日本科学家发明了具有革命意义的强永磁体材料，是铝、镍、钴的铁合金，至今仍然有很多用处，从电动机到拾音器中都能找到它的身影。20世纪70年代，一种更强大的磁性材料——钐钴合金永磁材料问世。

　　镍　镍广泛应用于硬币中，我国的1元硬币是由钢芯镀镍制成，美国的硬币（镍币）主要由镍铜合金制成，含镍大约25%。有些国家的硬币甚至用接近纯态的镍制成（图3-27）。

图 3-26　钴磁喇叭

图 3-27　镍币

　　在生活中，我们常常可以看到镀镍的产品。在黄铜表面镀上一层镍，可以使原来的黄色变成银白色。镍镀在铁上，可用来防锈。有时在镀镍的制品上面还会镀一层铬，这是因为铬能提供比镍更光亮以及更完美的镜面闪光的表面，但防锈功能还是由镍镀层提供的。

镍也是不锈钢的成分之一，用来生产不锈钢的镍占镍的总需求量的 60%。镍铬合金线具有较高的电阻率和耐热性，是电炉、电烙铁、电熨斗等的电热元件。

宇宙中的镍随着陨铁（每 20 块陨星中会有一块陨铁）不断来到地球。在铁器时代之前，人们使用陨铁（图 3-29）作为铁的原料，由于它实际上是一种铁镍合金而有相当好的抗腐蚀性。

图 3-28　铜质镀镍门吸

图 3-29　镍铁陨石

难熔金属　钛、锆、铪、钒、铌、钽、铬、钼、钨、铼、钌、锇、铑和铱为难熔金属，一般熔点高于 1650℃。以这些金属为基体，添加其他元素形成的合金称为难熔金属合金。这些金属除了难熔外，还有很多别的特性。

钛是一种稀有金属，它密度小，但强度是铝的 6 倍，常被用于制造飞机机体和眼镜框、手表等。由于钛合金还与人体有很好的相容性，所以钛合金还可以做人造骨。牙齿种植使用的是纯钛

（图 3-30 ）。

钢里只要加进千分之一的锆，硬度和强度就会惊人地提高。含锆的装甲钢、大炮锻件钢等是制造装甲车、坦克、大炮和防弹板等军事装备的重要材料。

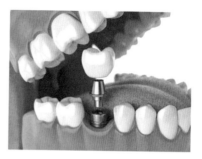

图 3-30　纯钛的种植牙

混合族中的金属

在元素周期表第ⅢA～ⅤA族中，有部分金属元素，它们的化学活泼性与处于左侧的过渡元素完全不同（图 3-31）。在这些金属中，人们最为熟悉的是铝、锡、铅。

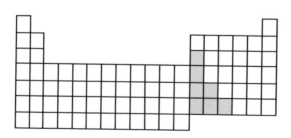

图 3-31　混合族在元素周期表中的位置

铝在地壳中含量约 8.3%，是含量最丰富的金属元素。炼铝比炼铁晚得多，这是因为铝的化学性质比铁活泼，不易还原，从矿石中冶炼铝也就比较困难。拿破仑三世用铝盘招待其最重要的客人，而用黄金盘子招待普通的亲王和公爵。这是因为当时冶炼技术的限制，铝难以被炼制出来，因此铝的价格比黄金还贵。后来可用电解氧化铝的方式制取铝，使得铝的价格大幅下降，并得到了广泛应用。

铝容易焊接、容易铸造，轻而足够坚固，是非常好的金属材料，能制成许多机器零件。铁制品在空气中会生成疏松的铁锈，内部的铁会进一步氧化生锈。而铝不同，铝与氧气反应生成氧化铝，这层致密的薄膜包围在铝的表面，保护内部的铝不被进一步氧化。

图 3-32　美国水星计划航天服外层由镀铝尼龙制成，具有防辐射的作用

航天服的最外面是防护层，要求防火、防热辐射和防宇宙空间各种因素（微流星、宇宙线等）对人体的危害。这一层大部分用镀铝织物制成。

锡的延展性非常好，可以展成极薄的锡箔。平常，人们便用锡箔包装香烟、糖果，以防受潮。铅原本的颜色为青白色，在空气中表面很快被一层暗灰色的氧化物覆盖。铅主要用于制造铅蓄电池、做焊锡等。铅及其化合物都具有一定的毒性，进入机体后会对神经、造血、消化、肾脏、心血管和内分泌等多个系统产生危害。

图 3-33　锡制茶叶罐

图 3-34　铅蓄电池

镧系元素

在元素周期表主表下方还有两行元素，分别是镧系元素和锕系元素（图 3-35，这样排列的目的是为了让主表更加紧凑）。

镧系	57 La 镧 5d¹6s² 138.9	58 Ce 铈 4f¹5d¹6s² 140.1	59 Pr 镨 4f³6s² 140.9	60 Nd 钕 4f⁴6s² 144.2	61 Pm 钷 4f⁵6s² [145]	62 Sm 钐 4f⁶6s² 150.4	63 Eu 铕 4f⁷6s² 152.0	64 Gd 钆 4f⁷5d¹6s² 157.3	65 Tb 铽 4f⁹6s² 158.9	66 Dy 镝 4f¹⁰6s² 162.5	67 Ho 钬 4f¹¹6s² 164.9	68 Er 铒 4f¹²6s² 167.3	69 Tm 铥 4f¹³6s² 168.9	70 Yd 镱 4f¹⁴6s² 173.0	71 Lu 镥 4f¹⁴5d¹6s² 175.0
锕系	89 Ac 锕 6d¹7s² [227]	90 Th 钍 6d²7s² 232.0	91 Pa 镤 5f²6d¹7s² 231.0	92 U 铀 5f³6d¹7s² 238.0	93 Np 镎 5f⁴6d¹7s² [237]	94 Pu 钚 5f⁶7s² [244]	95 Am 镅* 5f⁷7s² [243]	96 Cm 锔* 5f⁷6d¹7s² [247]	97 Bk 锫* 5f⁹7s² [247]	98 Cf 锎* 5f¹⁰7s² [251]	99 Es 锿* 5f¹¹7s² [252]	100 Fm 镄* 5f¹²7s² [257]	101 Md 钔* (5f¹³7s²) [258]	102 No 锘* (5f¹⁴7s²) [259]	103 Lr 铹* (4f¹⁴6d¹7s²) [262]

图 3-35　镧系元素和锕系元素

镧系元素是元素周期表中第 57 号元素镧到 71 号元素镥 15 种元素的统称，也叫稀土元素。自然界中，各种镧系元素通常混合在一起，而且化学性质相似，因此，要分离它们十分困难。

镧系元素有良好的延展性，富有金属光泽，是很好的导体。

镧系元素应用极为广泛，化学工业上主要用作催化剂。例如混合镧系元素的氯化物和磷酸盐用作催化剂，以加速石油的裂化分解。钢铁中加入少量镧系元素，可大大改善钢的机械性能。例如，在生铁里加进铈，

图 3-36　钕被用于制造立体声耳机

可得到球墨铸铁，使生铁具有韧性且耐磨，可以铁代钢，以铸代锻。目前，金属钕的最大用处是制造钕铁硼永磁材料。钕铁硼磁体磁性极强，被称作当代"永磁之王"。

锕系元素

锕系元素都是放射性元素，在 15 种锕系元素中，只有前 6 种元素锕、钍、镤、铀、镎、钚存在于自然界中，其余 9 种全部用人工核反应合成。人工合成的锕系元素中，只有镅、锔等年产量达到千克级以上，锎仅为克级。镄以后的元素由于含量极微，原子核极不稳定，很快就会分解为更小的原子，因此，这些元素在合成后，大多只能维持几分之一秒便衰变了。

锕系元素中最重要的元素是铀。铀在核裂变时能释放大量能

量,因而是核电站使用的核燃料。由于一些核电站发生了事故,造成的放射性环境污染对人类和其他生物产生了严重的危害,人们对核反应堆的必要性和存在形式进行着各种各样的争论。铀和钚都可以用于制造核武器,第二次世界大战中,投放于日本的两颗原子弹"小男孩"和"胖子"分别使用了铀和钚作为内核部分。

图 3-37 福特级航母的核反应堆

图 3-38 用铀和钚制造的原子弹爆炸

合 金

你知道飞机的机壳主要是什么金属制成的吗?是铝,但不是纯铝。如果用纯铝制,那么飞机的机翼就很容易折断。纯铝的强度较弱,不可能承受飞机在飞行中所产生的巨大升力。但在铝中加入其他金属,制成铝合金之后,强度将大大增大。

合金是由两种或两种以上的金属或非金属所组成的具有金属特性的物质。当金属熔化时，把它们混合（而不是化学反应）在一起，就形成合金。

合金为什么能增大强度？纯金属中，各金属原子大小相等，层与层之间容易滑动（图 3-39），这也是大多数金属具有良好的延性和展性的原因。

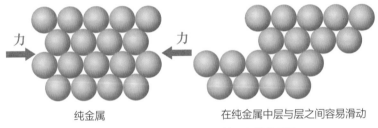

纯金属　　　　　　　　在纯金属中层与层之间容易滑动

图 3-39　金属具有良好的延性和展性的原因

当在纯金属中加入不同尺寸的原子时，这些外来原子打破了原来原子的排列模式，原子层彼此间就不像纯金属那样容易滑动了。这样，合金就比原来的金属强度大，也更坚硬了（图 3-40）。

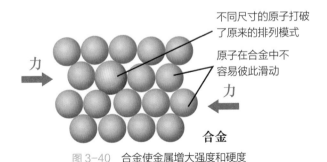

不同尺寸的原子打破了原来的排列模式

原子在合金中不容易彼此滑动

合金

图 3-40　合金使金属增大强度和硬度

钢是最常见、应用最广的合金材料，它由铁和碳等元素熔合而成，质地坚硬，有韧性和延展性，机械性能好，可用来制作坚硬的汽车车身、刀具、量具和模具等。在钢中加入锰，可以合成更坚硬的锰钢；在钢中加入铬和镍，可制成不锈钢。

在铝中加入锰、镁形成的铝锰合金和铝镁合金，具有很好的耐蚀性和较高的强度，称为防锈铝合金，可用于制造油箱、容器、管道等。在铝中加入铜、镁等可制成硬铝合金，它的强度较防锈铝合金高，但防蚀性能有所下降。该类合金广泛应用于各种构件和铆钉材料。因为现在人们只能通过电解的方法来提炼铝，所以铝合金价格较贵。

图 3-41　一些轮毂由硬铝合金制成

钛在地壳中含量相对丰富，在所有元素中居第十位，但钛是一种稀有金属，这是由于钛在自然界中存在分散且难以提取。镍—钛合金是一种记忆金属合金，它可以记住自己初始的形状。如果它们变形了，在一定温度下仍能恢复原有形状。矫正牙齿的牙套、眼镜的镜架、撑开堵塞动脉的支架等等，都可以用记忆金属制作。

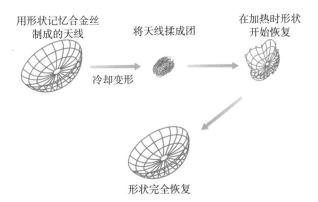

用形状记忆合金丝
制成的天线　　　将天线揉成团　　　在加热时形状
　　　　　　　　　　　　　　　　　开始恢复

冷却变形

形状完全恢复

图 3-42　发射卫星之前，将天线折叠起来装进卫星体内，火
箭升空把卫星送到预定轨道后，只需加温，天线因具有"记忆"
功能而自然展开，恢复原形

　　有些病人由于体内的骨骼
磨损，或由于受伤等原因，体
内的部分骨骼坏死需要更换，
这时钛合金就能发挥作用了。
钛合金无毒、耐腐蚀、弹性
好、强度高，是人造骨骼的良
好材料（图 3-43 ）。

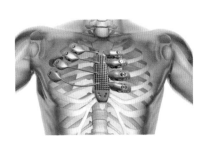

图 3-43　用 3D 技术打印复杂的钛合
金骨骼

 思考

用于人体内的合金，应具有怎样的特性？

第4章

非金属元素

　　非金属元素是元素的一大类，在所有的 110 多种化学元素中，非金属有 16 种（外加 6 种稀有气体元素）。虽然非金属元素比金属元素少得多，但它们却是构成自然界中许多物体的主要元素，它们对于地球上的生命具有非常重要的意义。

图 4-1　动植物的构成元素大多是非金属元素

非金属的性质

　　常温下大多数非金属元素所组成的单质是气体。如我们吸入的空气中就有非金属元素组成的氮气和氧气。另外一些非金属元素所组成的单质为固体，如单质碳、硫（图4-2）、碘等。在由非金属元素组成的单质中，唯有溴在常温下呈液态（图4-3）。

图4-2　固体硫块

图4-3　封装在玻璃管内的溴

　　一般而言，非金属的物理性质正好与金属相反。大多数非金属没有光泽，外表暗淡。固体非金属较脆，没有延展性。如果用锤子敲打固体非金属，它们中的大多数很容易碎裂甚至变成粉末。非金属的密度通常比金属的密度小，导电导热能力也较差。

　　大多数非金属元素容易形成化合物，这些元素的原子能够获得电子或者共享电子，与其他元素的原子发生化学反应，形成化合物。第ⅧA族元素的原子最外层电子为8个（氦最外层为2个），达到稳定状态，它们既不易获得（或失去）电子，也不易与其他原子共享电子，因此第ⅧA族元素不易与其他元素发生化学反应。

碳

碳是黑色（或者透明的，如金刚石）非金属，它是一种无处不在的元素，木头、纸张、塑料、石油、天然气，所有这些物质中都含有碳。碳是有机化合物的核心元素，是地球上所有生命的基础，含碳化合物的数量远远超过其他化合物。

碳单质有多种同素异形体，如金刚石、石墨、石墨烯、无定型碳以及一系列被称为富勒烯的物质。

金刚石　我们可以用玻璃刀来切割坚硬的玻璃（图4-4），你知道玻璃刀刀头上的物质是什么吗？是金刚石。金刚石是目前地球上发现的最坚硬的天然存在物。宝石级的金刚石经过琢磨后称为钻石，是珠宝行业的宠儿（图4-5）。

图4-4　用玻璃刀切割玻璃　　　　　图4-5　钻戒

　　金刚石为什么会这么硬？这与它内部的原子排列方式有关。金刚石中碳原子按四面体成键方式互相连接（图4-6左），这使得金刚石不仅硬度大，熔点极高，而且不导电。在工业上，金刚石主要用于制造钻探用的钻头和磨削工具等。

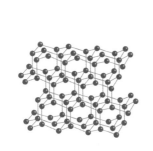 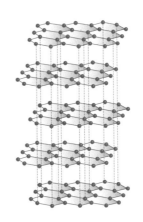

图4-6　金刚石（左）与石墨（右）的结构

　　石墨　石墨中每个碳原子的周边连结着另外三个碳原子，形成平面层状结构（图4-6右）。石墨层与层之间作用力非常弱，能够相互滑动或分离。这样的特性使得石墨成为一种优良的润滑剂，也可用于制造铅笔芯。

石墨是一种良好的导热材料，导热性超过钢、铁、铅等多种金属材料。石墨独特的结构，使它沿两个方向都可以均匀导热，同时延展性又强，可制成薄膜，贴附在手机内部的电路板上面（图 4-8）。石墨散热膜可以很快将处理器发出的热量传递至大面积石墨膜的各个位置进行扩散，从而保证了手机的正常工作，也使手机和电池的寿命得到延长。

图 4-7 石墨

图 4-8 贴附在手机电路板上的石墨散热膜

石墨烯 石墨是平面层状结构，如果把石墨一层层分开，变成单层的物质，就成了石墨烯。石墨烯被称为"新材料之王"，科学家甚至预言石墨烯将"彻底改变 21 世纪"。世界上第一片石墨烯竟然是用透明胶制成的。2004 年，英国曼彻斯特大学的海姆和诺沃肖洛夫，用透明胶将一块石墨片反复粘贴与撕开，石墨片的厚度逐渐减小，最终形成了厚度只有 0.335 纳米的石墨烯（图 4-9）。这是世界上第一次得到单层的石墨烯，两位科

图 4-9　电子显微镜下的石墨烯

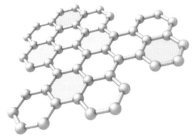

图 4-10　石墨烯

学家因此而获得 2010 年度诺贝尔物理学奖。目前科学家已经发明了很多种制取石墨烯的方法。

石墨烯是由单层碳原子紧密排列成二维蜂巢状六角格子的一种物质（图 4-10）。和金刚石、石墨一样，它是一种由碳元素构成的单质。

石墨烯是已知强度最高的材料之一，也具有很好的韧性。石墨烯的断裂强度比最好的钢材还要高 200 倍。同时它又有很好的弹性，拉伸幅度能达到自身尺寸的 20%。如果用一块面积 1 平方米的石墨烯做成吊床，自身质量不足 1 毫克，却可以承受住一只 1 千克的猫。

石墨烯目前最有潜力的应用是成为硅的替代品，制造超微型晶体管，用来生产超级计算机。用石墨烯取代硅，计算机处理器的运行速度将会快数百倍。

氮和磷

氮和磷都是植物肥料中的重要元素，对地球上的所有生命都非常重要。氮是组成所有蛋白质及 DNA（脱氧核糖核酸）分子的重要元素，而磷在 DNA 中也扮演着重要的角色。

氮 氮是植物生长的必需养分之一，它是每个活细胞的组成元素。氮在地壳中的含量很少，自然界中绝大部分的氮是以单质分子氮气的形式存在于大气中，生物很难利用它。幸运的是，花生、大豆、苜蓿等豆科植物，通过与根瘤菌的共生起到固氮作用（图 4-11），可以把空气中的分子态氮转变为植物可以利用的氨（NH_3）态氮。豆类能在土壤中留下"氮肥"，通过轮种，其他植物也就能获得更多的氮元素。闪电释放的巨大能量能使氮气与氧气反应，从而将大气中的氮"固定"在一氧化氮中。这是自然界中另一种固氮方式。

1908 年，德国化学家弗里茨·哈伯发明了一种用大气中的氮制备氨的方法，这是人类历史上最重要的发明之一，使人类从此摆脱了依靠天然"固氮"获取

图 4-11　根瘤菌与豆科植物共生形成的根瘤，具有固氮作用

氮肥的被动局面，推动
了世界农业的发展。

液氮是廉价易得的
低温冷却液。液氮的沸
点为零下 196℃，它几
乎能冷冻所有的东西。
液氮冷冻治疗是近代治
疗学领域中的一门新技
术，它是通过极度冷冻

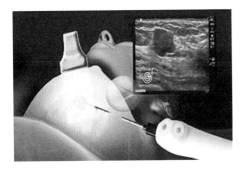

图 4-12　把零下 170℃的针头插入癌变组织，
冻死癌细胞

的状态下，将病区细胞迅速杀死，使得病区得到恢复。

　　磷　单质磷有白磷、红磷、黑磷等几种同素异形体。白磷有剧
毒，会自燃，燃烧时会放出大量白烟（图 4-14）。19 世纪以来，白
磷一直用于制造武器，如烟幕弹等。白磷还曾经用于制造火柴，考
虑到它的毒性及着火点过低，后来用红磷来代替了。

图 4-13　白磷

图 4-14　白磷燃烧

磷是人体必不可少的元素，它参与构成细胞膜，也是组成遗传物质核酸的基本成分之一。骨骼和牙齿的主要成分是磷酸钙，它就是由磷和钙组成的。磷对植物有重要的作用。植物体内许多重要的有机化合物都含有磷。磷可以促进植物生长，还可增强植物的抗寒、抗旱能力。植物缺磷时，表现为生长迟缓、产量降低。

图 4-15　磷肥

在自然界中，磷主要以磷酸盐的形式存在。磷酸钠曾经是洗涤剂中常见的成分，但因为磷是植物生长的必要元素，会让水体中的藻类过度繁殖，造成水体富营养化污染，因此，后来人们开始使用无磷洗衣粉。每年都会有百万吨的磷酸盐从地下被开采出来，制成肥料，用于农业发展。但是作为非常有限的资源，磷酸盐可能会消失。对于地球上到底还有多少磷酸盐，以及它们将在多长时间内消耗殆尽，科学家持有不同的意见。但是他们都认为，磷酸盐的减少是必然的，这将造成未来世界粮食供应的不足。

氧、硫和硒

氧、硫和硒都属于氧族元素。在通常条件下，氧是气体，其他两种是固体。

氧 氧元素占地壳质量的 48.6%，人体的 65%，水的 89%，体积占空气的 21%。氧的化学性质非常活

图 4-16 氧太活泼，大多以化合物的形式存在。氧化铁中就有很多氧元素

泼，因此，大约在 30 亿年以前，地球上没有单质氧气，氧都被束缚在水、矿物等里面。随着能进行光合作用的生物的出现，空气中的氧气含量慢慢升高了。不过，对人类而言，空气中的氧气含量并非越高越好，若氧气超过 50%，人吸入会造成氧中毒。人体需要氧气，物质燃烧也需要氧气，两者的本质是相同的，都是物质和氧气发生氧化反应，释放出能量。工业上每年要生成上百万吨氧气，其中一半以上用于钢铁生产。

硫 硫在自然界中常以硫化物或硫酸盐的形式出现，但在火山地区常会出现硫单质（图 4-17），如果我们靠近这些地区，就能闻到浓郁的硫黄味。纯的硫是黄色的晶体，又称作硫黄。从火山口采硫黄是项危险的工作，因为有毒的气体（如二氧化硫）和

图 4-17　火山口的硫熔化成深红色液体

高温会危害人体的健康。

　　由于硫能以单质的形式存在，因此古人也知道并使用它。大约在 4000 年前，埃及人已经会用硫燃烧所形成的二氧化硫来漂白布匹，古希腊和古罗马人也能熟练地使用二氧化硫来熏蒸消毒和漂白。古代中国则把硫列为重要的药材。

　　硫是一种易燃物质，燃烧时能发出蓝紫色火焰（图 4-18），生成有刺激性气味的二氧化硫气体。我国发明的火药就是由硝酸钾、硫黄和木炭三者组成的。

图 4-18　硫燃烧发出蓝紫色火焰

　　硒　硒在地壳中的含量很少，通常极难形成工业富集，湖北省恩施市是迄今为止"全球唯一探明独立硒矿床"所在地。硒受到光照后电阻会发生变化，根据这一现象，硒作为光敏材料，被用于制造摄影测光仪、复印机、传真机等。

人体需要少量的硒，因为它是一些酶发挥功效的关键因子。在人体内硒和维生素E协同，能够保护

图 4-19 高纯硒

细胞膜，防止不饱和脂肪酸的氧化，但如果摄入硒过多会中毒。

氟、氯、溴和碘

氟、氯、溴、碘都属于卤族元素，简称卤素。卤族元素电子层最外层有7个电子，进行化学反应时一般能获得或者共享一个电子。因此，卤族元素的化学性质都非常活泼。卤族元素的单质都是双原子分子，如氯气（Cl_2、溴（Br_2）等。在自然界，它们都以典型的盐类存在，是成盐元素。氯化钠就是最典型的卤族元素所成的盐。卤族元素的单质对人体有害，甚至十分危险，但它们的化合物用途却十分广泛。

氟　氟是所有非金属元素中活泼性最强的，它甚至可以和玻

璃反应。

在自然界中，含氟矿物中最为重要的是萤石（图4-20），也称为氟石，其主要成分为氟化钙。

图 4-20　萤石

氟具有毒性，但研究发现，人体摄入少量氟对保护牙齿有好处，于是很多牙膏中加入了氟化物。但如果人在牙齿发育期间摄入过量的氟元素，会引起一种特殊的牙釉质发育不良，称为氟牙症（图4-21）。轻者牙面呈白垩色横断线或斑纹，严重者牙面呈黄色或深棕色。在饮用水中是否可以加入少量氟？美国社会曾对此争论了十几年，至今还未完全平息。

特氟龙是一种含氟的材料，它能阻止食物遇热后黏附在金属锅上，用特氟龙涂层的不粘锅给家庭主妇带来了极大的方便（图4-22）。氟氯烃是冰箱冷冻机的理想制冷剂，但它对臭氧层有极大的破坏作用，因此被列为受控物质，并逐渐被替代。

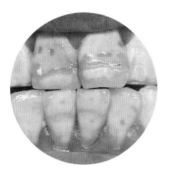

图 4-21　氟牙症

图 4-22　表面涂有特氟龙的不粘锅

氯　说起氯元素，人们最熟悉的就是食盐，化学式是 NaCl，它里面就含有氯元素。在工业生产中可用电解饱和食盐水法来制取氯气。纯净的氯气是一种黄绿色的气体（图 4-23），你可能闻过它的气味——含漂白剂的蒸气中存在微量的氯。氯气有剧毒，能刺激眼睛和肺，甚至引起死亡。第一次世界大战期间，德军将氯气放到英军的战壕中，杀伤、致残了很多英军。少

图 4-23　氯气

量的氯气则是最便宜、最有效及无害的消毒剂，其原理是：氯气与水反应能生成盐酸和次氯酸，次氯酸具有强氧化性，能杀死水里的病菌。

自来水常用氯气来消毒，1 升（0.001 立方米）水里约需要通入 0.002 克氯气。有些游泳池的水也用氯气消毒。

溴　溴是具有腐蚀性的红棕色液体，沸点只有 59℃，因此非常容易蒸发，产生橙色的气体。溴化银的化学式是 AgBr，它有感光作用，见光可分解，可用以制造照相底片或胶卷的感光层。变色镜片是在普通玻璃中加入了适量的溴化银和氧化铜的微晶粒。当强光照射时，溴化银分解为银和溴，分解出的银的微小晶粒，使玻璃呈现暗棕色。当光线变暗时，银和溴在氧化铜的催化作用下，重新生成溴化银，于是，镜片的颜色又变浅（图 4-24）。

室内 室外

图4-24　变色眼镜

碘　常温下单质碘是紫黑色晶体（图4-25），加热后易升华生成美丽的紫色蒸气。碘在水中的溶解度很小。把碘和碘化钾溶于酒精中，形成碘酊（俗称碘酒），可以使病原体的蛋白质发生变性，因此它是一种消毒液。碘遇淀粉能生成一种蓝色化合物，我们可以利用这一反应检验淀粉是否存在。例如在我们买来的鱼丸、虾丸里滴加几滴碘液就可以检验是否含有淀粉。

图4-25　碘晶体

碘是人体必需的微量元素之一，健康成人体内的碘的总量为

30毫克左右。人体若摄入碘过多，会造成甲状腺功能亢进（甲亢），产生过多甲状腺激素，导致代谢加速与亢奋。如果摄入碘不足，会导致甲状腺机能减退（甲减），产生甲状腺激素不足，也会导致很多疾病，如甲状腺肿大（俗称大脖子病）（图4-26）。儿童发育时若长期摄入碘不足，会

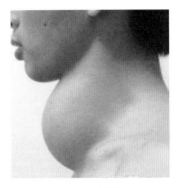

图4-26　大脖子病

影响智力发育。海带、紫菜等食物中有较多的碘，缺碘人群可多食用。

准金属

　　准金属又称为"半金属""类金属"等，是介于金属和非金属之间的物质，通常包括硼、硅、砷、碲、锗、锑和钋。在元素周期表中，准金属在普通金属和非金属之间形成了一块锯齿状的分割区，其属性也介于金属与非金属之间（图4-27）。准金属能导电，但导电方式与金属不同；它们几乎都有金属光泽，但延展性差，能被铁锤敲碎。

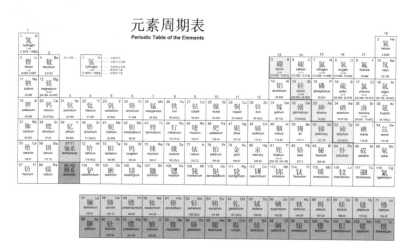

图 4-27 准金属在元素周期表中的位置

硼 硼为黑色或银灰色固体，硬度仅次于金刚石，质地较脆。硼的多种化合物都极其坚硬，它们可用于制作高科技耐磨材料，以及用来制作防弹衣。掺入了氧化硼的玻璃叫派

图 4-28 用派热克斯玻璃制成的玻璃锅

热克斯玻璃，这种玻璃的体积随温度变化很小，即使在温度发生剧变时也不会像普通玻璃那样炸裂。许多厨房用具和实验室器皿就是用派热克斯玻璃制成的。

硅 硅作为半导体材料，在电子工业中应用极其广泛，是制作集成电路芯片（图 4-29）和太阳能电池（图 4-30）的基础材料。

硅在自然界中含量极其丰富，硅的氧化物及硅酸盐构成了地壳中大部分的岩石、沙子和土壤，约占地壳质量的 90% 以上。

图 4-29　集成电路的芯片

图 4-30　太阳能电池

二氧化硅是硅最重要的化合物之一，地球上存在的二氧化硅约占地壳质量的 12%。石英晶体是结晶的二氧化硅，由于形成时的条件不同而具有不同的晶型和色彩。例如，石英中无色透明的晶体就是人们通常所说的水晶（图 4-31）；具有彩色环带状或层状花纹的称为玛瑙（图 4-32）。

图 4-31　水晶

图 4-32　玛瑙

硅酸盐是含有硅和氧以及其他一种或多种元素的化合物，在自然界分布极广，是构成多数岩石（如花岗岩）和土壤的主要成分。硅酸盐大多数不溶于水，化学性质很稳定。

图 4-33　几种常见的硅酸盐矿物（左：镁橄榄石　右：石榴子石）

砷　　砷及其化合物常被用于制造农药、除草剂、杀虫剂，这主要是因为砷与大多数砷的化合物有剧毒，例如雌黄（图 4-34）。三氧化二砷被称为砒霜，毒性是砷毒性的 500 倍。今天，某些含砷的化合物可被用作抗癌药。

图 4-34　雌黄，主要成分是三硫化二砷

碲、锗、锑、钋 碲（图 4-35）大多是作为炼铜的副产品而获得，在地壳中非常稀少，目前用处不大。锗也是一种半导体材料，只是应用比硅少得多。锗最重要的化合物是二氧化锗，可用于制造光纤及作为催化剂。

图 4-35　高纯碲

锑在几千年前就为人所知，其化合物硫化锑曾经被当作睫毛膏使用。目前锑主要用作阻燃剂、制造铅锑合金（可做保险丝）等。

钋也是由皮埃尔·居里与玛丽·居里在处理铀矿时发现的，玛丽·居里用自己祖国波兰（拉丁文：Polonia）的名字来命名这种新元素，定名为钋，化学式是：Po。钋有三种同位素，都有放射性，同时钋也是世界上最毒的物质之一。

稀有气体

稀有气体是氦、氖、氩、氪、氙、氡等气体的总称，它们在空气中含量不多，约占空气体积的 0.94%，但也是一类很重要的气体。

空气中有五种气体，氦、氖、氩、氪、氙，它们的化学性质非常不活泼，早先人们认为它们不与任何物质发生反应，因此称它们为惰性气体。近几十年来，科学家发现，虽然它们的化学性质非常不活泼，但是在特定条件下还是能够与其他物质发生反应，生成新物质，打破了"不与任何物质发生化学反应"的说法，因此后来人们把惰性气体改称为稀有气体。稀有气体还有另一成员叫氡，自然界中的氡是由镭、钍等放射性元素的原子核发生衰变时产生的。氡也具有放射性，在形成后它的原子核也会很快发生衰变，成为稳定元素铅。

稀有气体的化学性质为什么非常不活泼呢？这主要是因为它们的最外电子层都处于满载状态，没有空位。它们既不能从其他原子中获取电子，也不能与其他原子共享电子，因此化学性质非常不活泼。

氦气是我们最熟悉的稀有气体，节日里我们经常放飞氦气球进行庆祝。氦气很轻，又不会引起爆炸，可填充气球或飞艇，用于高空观察、运输物资和收集气象资料等（图 4-36）。

图 4-36　充有氦气的飞艇

　　人们常根据稀有气体的化学性质不活泼的特点，利用它们做保护气。例如，氩气和氮气混合充入灯泡中，可以延长灯丝的使用寿命。由于稀有气体通电时能发出不同颜色的光，人们用它们制成了各种用途的电光源。例如，氙气可充填电弧灯，用来标示飞机跑道，这种灯光能穿透300米以上的雾，而且它的光芒不会使飞行员眼花。通电时，氖气会发出红光、氩气会发出蓝光，人们据此制成了五颜六色的霓虹灯（图4-37）。

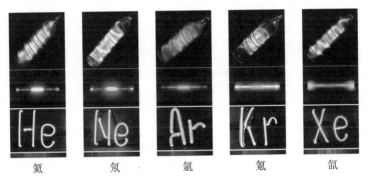

氦　　　　　氖　　　　　氩　　　　　氪　　　　　氙

图4-37　通电时，稀有气体能发出不同颜色的光

　　稀有气体还可用于激光技术、制造低温环境（液态氦）、冷冻麻醉（液态氙）等。

第 5 章

物质的多样性

冬天，加拿大加亚伯拉罕湖，湖底冒出的甲烷气泡被冰封住，背后是黄绿色的北极光，这画面美得令人窒息。世界上的物质种类实在太多，无法穷尽。一般根据状态，物质可分为固态物质、液态物质和气态物质。在图 5-1 中，这三种状态的物质都有。除了这三种状态外，还有其他状态的物质存在吗？美丽的极光属于哪类物质呢？

图 5-1　加亚伯拉罕湖被冰封的甲烷气泡与天空美丽的极光

液　晶

　　我们知道物质存在的状态有固态、液态和气态，但是自然界中的有些物质不能简单地归类于上述三种中的任何一种，如：液晶、等离子体、准晶体、凝胶、超固态、中子态等。

　　目前，液晶产品已经被广泛应用，计算器、电脑、电视机（图5-2）等的显示屏都离不开液晶。最近甚至发明出了可折叠的液晶显示面板（图5-3）。那么什么是液晶呢？

图5-2　液晶电视　　　　　　　　图5-3　折叠液晶显示面板

　　19世纪末，奥地利植物学家莱尼泽注意到，在加热苯甲酸胆固醇时，它的颜色会发生变化：当加热至145℃时，苯甲酸胆固醇会慢慢熔化呈白云状液体；当加热至179℃时，白云状会消失，成为清澈透明的液体；当冷却时，颜色和状态则会逆转，最终冷却成为固态结晶体。一般物质都只有一个熔点，如冰的熔点为0℃，加热熔化变成透明的水，不会出现牛奶般的浑浊。但苯甲酸胆固醇这种化合物好像有两个不一样的熔点，与当时人们掌握的科学知识不符合。现在经科学证实，这些白云状的物质就是液晶。

液晶是介于液态与固态之间的一种物质状态。因为它同时具有液体的流动性和类似晶体的光学、电学性质，所以当时，科学家认为这是一种液态的晶体，简称液晶（图5-4）。

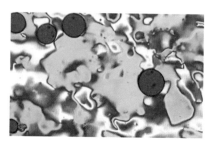

图 5-4 电子显微镜下的液晶分子

1961年，美国青年学者黑尔迈乐为了研究外部电场对晶体内部电场的作用，在两片透明导电玻璃之间夹上掺有染料的液晶。当在液晶层的两面施以几伏电压时，液晶层就由红色变成了透明态。有着电子学知识背景的他立刻意识到这一现象可以用来制造显示设备。目前，液晶的研究已发展成为一个引人注目的学科。

液晶在正常情况下，其分子排列很有秩序，显得清澈透明，一旦加上直流电场后，分子的排列被打乱，一部分液晶会改变光的传播方向，从而产生颜色深浅的差异，因而能显示数字和图像。

根据液晶会变色的特点，人们利用它来指示温度、监控毒气等。例如，液晶能随着温度的变化，使颜色从红变绿和蓝（图5-5），从而可以指示出某个实验中的温度，测量人体额头温度等（图5-6）。液晶遇上氯化氢、氢氰酸之类的有毒气体，也会变色。在化工厂，人们把液晶片挂在墙上，一旦有微量毒气逸出，液晶就会变色，提醒人们赶紧去检查、补漏。

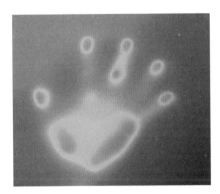

图 5-5　液晶随温度变化改变颜色

图 5-6　液晶变色额头温度计

等离子体

　　神舟载人飞船返回舱在穿越大气层返回地球的过程中，大约会有 4～7 分钟的时间测控装置无法确定飞船的位置，这种现象称为黑障。黑障现象是怎样形成的？

　　物质由原子构成，原子由带正电的原子核和围绕它运动的带负电的电子构成。当物质被加热

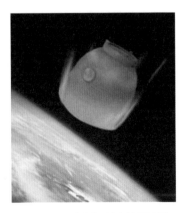

图 5-7　飞船返回舱穿越黑障区

到足够高的温度或因为一些其他原因，外层电子可以摆脱原子核的束缚成为自由电子。这时，物质就变成了由带正电的原子核和带负电的电子组成的一团均匀的"糨糊"，因此人们戏称它为离子浆。这些离子浆中正负电荷总量相等，因此它是近似电中性的，叫等离子体。等离子体是物质存在的一种状态。

当飞船返回舱在穿越地球大气层时，与大气摩擦，表面温度急剧升高，高温区内的气体和返回舱表面材料的分子被分解和电离，形成一个等离子区，它像一个套鞘似的包裹着返回舱。因为等离子体会吸收无线电波，这样射到返回舱上的无线电波无法有效地反射回去，测控装置就无法"看到"返回舱的位置，形成黑障。

在地球上，等离子体物质远比固体、液体、气体物质少。而在宇宙中，等离子体是物质存在的主要形式，占宇宙中物质总量的99%以上，如恒星（包括太阳）、星际物质以及地球周围的电离层等，都是等离子体。太阳内部在不断进行着核爆炸，从而导致太阳的最外层日冕层向空间持续抛射出高速运动的等离子体流，也就是我们所说的太阳风。

有一种玩具叫作等离子球（图5-8），它可能是我们最为熟悉的等离子体应用之一。等离子球外面为高强度玻璃球壳，球内充有稀薄的稀有气体，玻璃球中央有一个黑色球状电极。当给电极加上高压电后，球内稀薄的稀有气体电离成为等离子体。丝状

思考 ?

等离子体与气体有什么不同？

等离子体从内部的电极延伸至外面的玻璃绝缘外壳，呈现出多条稳恒的彩色光束。当人用手（人与大地相连）触及球时，球周围的电场分布不再均匀对称，因此光束在手指的周围处变得更为明亮，产生的弧线顺着手的触摸移动而游动扭曲。

图 5-8　等离子球

准晶体

　　固体一般可分为晶体和非晶体两大类，有规则的几何外形是晶体区别于非晶体的主要标志之一。天然形成的晶体中，由单一晶粒形成的晶体（单晶）具有规则的几何外形（图 5-9 左）。有些晶体由很多晶粒聚合而成，整体没有规则外形，但是，各个小晶粒依然是有规则的多面体形状。

　　晶体具有规则的几何外形是由于其内部的微粒在空间上有规则地排列造成的。例如，氯化钠晶体是由钠离子和氯离子呈周期性等距离交错排列构成的（图 5-9 右），因此氯化钠晶体为立方体。非晶体内的微粒是无规则地排列的，所以呈没有规则的几何外形。

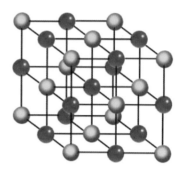

图 5-9　氯化钠晶体及其内部结构

　　除晶体与非晶体之外，还有没有其他类型的固体呢？请看图 5-10 准晶体的结构模型，它具有氯化钠晶体中那样的周期性排列吗？好像没有，又好像有，但我们很难找出其周期性特点。我们把原子排列介于晶体和非晶体之间的固体称为准晶体。准晶体内部原子的排列很有规律，但是不会重复排列（图 5-11）。

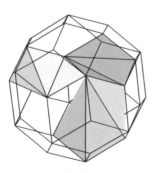

图 5-10　准晶体结构示意图　　　图 5-11　银铝准晶体的结构模型

　　1982 年 4 月 8 日，以色列化学家谢赫特曼（图 5-12）首次在电子显微镜下观察到一种"反常"现象：铝锰合金的原子采用一种与晶体不同但又有一定秩序的方式进行排列。而当时人们普遍认为，晶体内的原子都以周期性不断重复的对称模式排列，这种重复结构是形成晶体所必需的，自然界中不可能存在具有谢赫特曼发现的那种原子排列方式的晶体。随后，科学家们在实验室中制造出了越来越多的各种准晶体（图5-13），并于2009年首次发现了纯天然准晶体。2011年，谢赫特曼因发现准晶体而获诺贝尔化学奖。

图5-12　谢赫特曼

准晶体具有独特的属性，坚硬有弹性，表面非常平滑，而且其导电、导热性很差，在日常生活中大有用武之地。科学家正尝试将其应用于一些产品，比如不粘锅和发光二极管等中。

图5-13　钛—镁—锌十二面体准晶体

气凝胶

一块黑色的固体放在一朵花上，花蕊、花瓣居然没有被压坏

图 5-14　放在花朵上的固体

图 5-15　气凝胶结构

（图 5-14）！什么固体如此之轻？这是浙江大学研制的一种超轻气凝胶，称为"全碳气凝胶"。"全碳气凝胶"是目前世界上最轻的固体材料，密度仅为 0.16 毫克／厘米³，比氦气的密度还要小。

气凝胶是怎样制成的？溶液中的高分子在一定条件下互相连接，形成空间网状结构，结构空隙中充满了作为分散介质的液体，这样一种特殊的分散体系称作凝胶。如果凝胶空隙中的溶剂被气体代替，这样的凝胶称气凝胶。气凝胶是一种固体物质形态，是世界上密度最小的固体之一。常见的气凝胶有硅气凝胶和碳气凝胶等。

由于气凝胶中 99.8% 以上是空气，所以有非常好的隔热效果，3 厘米厚的气凝胶相当 20 至 30 块普通玻璃的隔热功能。即使隔着气凝胶对手喷射火焰，手也丝毫无损（图 5-16）。根据气凝胶的这一特性，人们开发出了一系列气凝胶隔热产品。

由于气凝胶独特的结构（图 5-18），它在力学、声学、热学、光学等方面显示出其独特性能，目前已经成功运用在航天、

图 5-16 气凝胶有非常好的隔热效果

图 5-17 气凝胶隔热罩

军事、通信、医用、建材、电子、冶金、运输等诸多领域。随着科学家对气凝胶的深入开发，气凝胶必将成为推动人类发展的神奇材料。

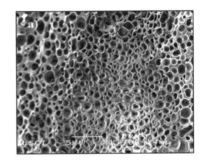

图 5-18 电子显微镜下的气凝胶

同素异形体

1812 年冬，拿破仑 60 万大军进攻莫斯科，奇怪的是，几乎在一夜之间，拿破仑大军士兵衣服上的纽扣竟然都不见了。由于衣服没有了纽扣，影响到衣服的保暖，不便行军作战，大大影响了法军的战斗力。那么，是谁"偷"

图 5-19　拿破仑兵败俄国

走了法军士兵衣服上的纽扣呢？原来，法军衣服上的纽扣是锡制纽扣，在寒冷天气中，锡制纽扣变成了粉末。低温为什么会使锡纽扣变成粉末呢？这需要从同素异形体讲起。

同素异形体是指由同样的单一化学元素组成，但性质却不相同的单质。同素异形体非常常见，如碳的同素异形体：石墨、金刚石以及石墨烯（详见第 4 章"非金属元素"）；磷的同素异形体：白磷、红磷和黑磷；氧的同素异形体：臭氧和氧气；锡的同素异形体：白锡、脆锡和灰锡。同素异形体的存在是造成物质多样性的原因之一。

同素异形体之间的性质差异主要表现在物理性质上，化学性质上也有着活性的差异。例如，磷的两种同素异形体，红磷和白磷：它们的着火点分别是 240℃ 和 40℃，充分燃烧之后的产物都是五氧化二磷。白磷有剧毒，可溶于二硫化碳；红磷无毒，却不溶于二硫化碳。

同素异形体之间的转化是一种复杂的变化。在这种转化中，有些是改变了分子中的原子数目，有些是晶体中原子或分子排列方式发生变化。因此，同素异形体之间的转化有些是化学变化，有些是物理变化。

　　氧气在放电情况下可转化为臭氧，反过来臭氧也可转化为氧气，氧气和臭氧的分子组成不同，化学性质也有显著差异，这种变化属于化学变化。

　　石墨在高温高压有催化剂的条件下可转化为金刚石。这两者化学性质不同，也属于化学变化。而单斜硫晶体（图5-20）与斜方硫晶体（图5-21）之间，仅仅是晶体分子排列方式不同，物理性质有差别，化学性质相同，属于物理变化。

图5-20　单斜硫晶体　　　　图5-21　斜方硫晶体

　　现在，我们来解释纽扣消失事件。锡在不同的温度下，有三种性质大不相同的形态。在13.2～161℃的温度范围内，锡的性质最稳定，叫作"白锡"。如果温度升高到161℃以上，白锡就会变成一碰就碎的"脆锡"，而当温度低于13.2℃，它就会由银白色逐渐地转变成一种煤灰状的粉，这叫作"灰锡"。特别是在零下33℃以下时，这种变化的速度大大加快。另外，从白锡到灰锡的转变中还有一个有趣的现象，这就是灰锡有"传染性"，白锡只要一碰上灰锡，哪怕是碰上一小点，白锡马上就会向灰锡转变，直到把整块白锡毁坏掉为止。人们把这种现象叫"锡疫"（图5-22）。

幸好这种"病"是可以治疗的，把"有病"的锡

图 5-22　锡疫让白锡变成灰锡

再熔化一次，它就会复原。后来科学家们已经找到了预防"锡疫"的物质，其中的一种就是铋。铋原子中有多余的电子可供锡的结晶重新排列，使锡的状态稳定化。在锡中熔入一些铋，可完全消除产生"锡疫"的可能性。

磷的同素异形体

磷的同素异形体目前所知有 11 种，其中主要的有三种：白磷、红磷和黑磷。

白磷　"臭名昭著"的白磷炸弹被《联合国常规武器公约》列为违禁武器，不允许对平民或在平民区使用。让人遗憾的是在一些战场上，一些国家仍然在违规使用。白磷弹的危害性非常大，它碰到物体后不断地燃烧，直至完全烧完（图5-23）。因此，当

图 5-23　白磷炸弹

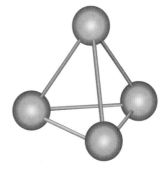

图 5-24　白磷的分子结构

白磷接触到人体后，肉皮会被烧透，然后再深入到骨头，其状惨不忍睹。

　　白磷的分子式为 P_4，正四面体结构（图 5-24），有剧毒。白磷遇光逐渐变黄，这是微量的白磷转变成红磷的缘故，因此白磷又称黄磷。白磷的着火点非常低，在湿空气中约 40℃，在干燥空气中则稍高，所以大部分白磷都储存在水中。自然界中，因摩擦或缓慢氧化而产生的热量可能使局部温度达到 40℃，从而使得白磷燃烧。

　　白磷虽然危险，但也有很多用途。利用白磷易燃、燃烧时会产生白烟的性质，在军事上常用来制烟幕弹、燃烧弹。

　　红磷　在早年的田径赛场上，常用发令枪发令。发令枪打响时，既会发出声音，又会冒出一股青烟（图5-25）。由于声音传播的速度比光速小得多，终点裁判

图 5-25　发令枪子弹中有红磷

员是根据看到白烟开始计时，而不是根据听到枪声开始计时的。原来，发令枪的子弹里面装有红磷，高压、撞击后，红磷与氧气反应生成了五氧化二磷，五氧化二磷就是所谓的白烟，通过枪背上的孔冒出。

红磷是长链状结构（图 5-26），暗红色粉末状固体（图 5-27），无毒，不溶于水。红磷的化学活动性比白磷差，在常温下稳定，难与氧反应，着火点约 240℃，不自燃。

图 5-26　红磷分子结构　　　　　　图 5-27　红磷

黑磷　石墨烯作为一种奇迹材料，被誉为电子产品的未来，但现在它遇到了"竞争对手"——黑磷（图 5-28）。

黑磷是有金属光泽的晶体，它是白磷在很高压强和较高温度下转化而形成的。它在磷的同素异形体中反应活性是最弱的，在空气中不能被点燃。

尽管黑磷的发现距今已有一个多世纪了，但是直到 2014 年研究人员才意识到它可能是一种半导体材料。同石墨烯一样，黑磷在制备过程中也存在难以克服的困难，它有多层结构，为了得到所期望的二维片层，这些多层需要通过剥离工艺一层层分离开（图 5-29）。

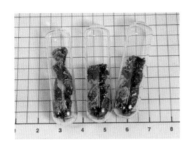

图 5-28　黑磷

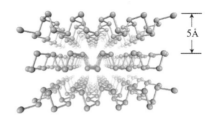

5Å

图 5-29　黑磷的原子结构

　　虽然黑磷纳米片已经通过液体剥离量产，此法仍然存在问题，主要是因为黑磷纳米片不稳定，当接触水和氧气时，会在极短时间内氧化进而降解掉。这一缺陷极大地限制了黑磷的研究和工业应用，人们正在研究，力图解决这一缺陷问题。

　　黑磷电学性能优越，被认为有望取代硅，成为半导体工业的核心材料。黑磷还具有独特的力学、电学和热学的各向异性。正因为如此，它非常适合应用于制作电子元件等。

氧的同素异形体——臭氧

　　有时你在复印机旁边会闻到一股特殊的气味，这是什么物质的气味呢？是臭氧，其分子式为 O_3。复印机在工作时会产生少量臭氧。雷雨后的空气会变得十分清新，这除了雨水将空气

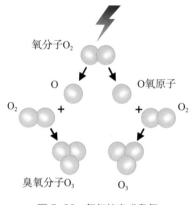

图 5-30　氧气转变成臭氧

中的尘埃洗净以外，臭氧也起了相当大的作用。雷电能使空气中的部分氧气转变为臭氧（图 5-30）。臭氧是氧气的同素异形体，它是一种具有特殊气味的淡蓝色气体。吸入少量臭氧对人体有益，吸入过量对人体健康有一定危害。

臭氧主要存在于距地球表面 25 千米左右的大气平流层中。它吸收对人体有害的短波紫外线，防止其到达地球，以避免地球表面生物受到紫外线的侵害。人类生产和使用的大量氟利昂等侵蚀臭氧层的物质，使得臭氧层出现了"空洞"（图 5-31），这对人类而言绝非好事。

在平流层中经紫外线照射，氯原子会从氟氯氢原子中分离出来并与臭氧发生反应，将其分解成氧气和一氧化氯。由图 5-32

图 5-31　臭氧空洞

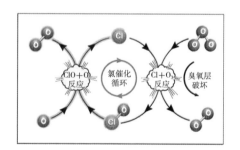

图 5-32　臭氧层破坏机制

中可以看出，氯在反应过程中是可以循环利用的，且氯在平流层中可以存在好几年，因此一个氯原子（氯自由基）能够消耗掉10万个臭氧分子，其对臭氧层的破坏力是巨大的。该反应只能在平流层中发生，是因为反应过程中需要较强紫外线照射，这样氧气分子才能分解成为氧原子，氟利昂等物质才可以释放出氯自由基。

我们常常用氯气对水进行消毒，其实，也可用臭氧进行消毒，而且效果更好。这是因为臭氧是一种强氧化剂，能破坏分解细菌的细胞壁，很快地扩散渗透进细胞内，氧化分解细菌内部的酶等物质。臭氧的杀菌能力比氯大 600～3000 倍，它的灭菌、消毒作用几乎是瞬时发生的，在水中臭氧浓度达到 0.3～2 毫克/升时，0.5～1 分钟内就可以致死细菌。达到相同灭菌效果（如使大肠杆菌杀灭率达 99%）所需臭氧水药剂量仅是氯气的 0.0048%。据此，人们制造出了各种臭氧发生装置（图 5-33），利用臭氧来消毒，如空气消毒、饮用水消毒、污水处理等。

图 5-33 臭氧发生器

第6章

新型材料

刹车盘是汽车制动装置，传统上主要是用铁制成的，缺点是它易生锈。图 6-1 所示的刹车盘是由新材料碳纤维陶瓷制成的，具有不生锈、易散热、刹车性能好等优点。

随着科学技术的发展，科学家通过对传统材料的革新和新材料的研发，新型材料如雨后春笋般冒出，如纳米材料、稀土材料、碳纤维复合材料、储能材料等，新型材料的诞生促进了通信、计算机、航空、航天等行业迅速发展。

图 6-1　新材料制成的刹车盘

纳米材料

纳米是长度单位，1 纳米 $= 10^{-9}$ 米。在纳米尺度（1～100 纳米）上研究物质的特性和相互作用的技术，称为纳米技术。研究发现，当组成材料的颗粒缩小到纳米尺度时，材料的光学性能、电学性能、磁学性能、力学性能和化学性质等会发生极大的变化。这些具有独特性能的材料就是"纳米材料"，也被称为"21 世纪新材料"。

我们知道荷叶的表面不沾水（图 6-2），这是因为荷叶具有"自洁效应"。荷叶的"自洁效应"是由荷叶表面的微观结构造成的。在超高分辨率显微镜下我们可以清晰地看到，荷叶

图 6-2　水珠在粗糙的荷叶表面滚动

表面上有许多微小的乳突，乳突的平均大小约 10 微米，平均间距约 12 微米，每个乳突上又有许多直径为 200 纳米左右的突起。乳突间凹陷部分充满着空气，这样紧贴叶面处便会形成一层纳米级厚度的空气层。当尺寸远大于这种结构的灰尘、水滴等落在叶面上时，由于隔着一层极薄的空气，只能与几个叶面上乳突的凸顶接触（图 6-3）。水滴在自身的表面张力作用下形成水珠，水珠在

滚动过程中吸附并带走了灰尘。

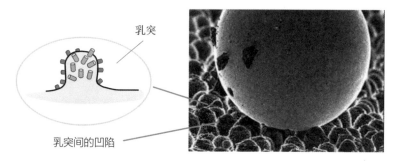

乳突

乳突间的凹陷

图6-3　灰尘仅与乳突的几个凸顶接触

研究表明，这种具有自洁效应的表面纳米结构，不仅存在于荷叶中，也普遍存在于其他植物中，一些动物的皮毛中也存在这种结构。科学家利用荷叶的自洁效应研发了纳米易清洁涂料等产品，用于制作防水的衣服、鞋子等物品。

陶瓷很容易打碎，这是陶瓷的致命弱点。利用纳米技术开发的纳米陶瓷材料，使陶瓷的组成结构致密化、均匀化，使陶瓷的强度、韧性和超塑性大幅度提高。抗菌纳米陶瓷刀（图6-4）就是纳米陶瓷制成的。纳米陶瓷刀可以保持刀刃锋利、不生锈，还能达到抗菌的效果。

除了抗菌纳米陶瓷刀，还有许多抗菌（杀菌）纳米材料制成的物品。例如，用纳米抗菌

图6-4　纳米陶瓷刀

塑料制成的冰箱门封不易产生菌斑，纳米袜子则是在制作袜子的
纤维中复合进了抗菌材料，使其具有防臭、杀菌的功效。为什么
纳米抗菌材料能杀菌呢？

　　纳米抗菌材料有多种，其中一种是纳米载银无机抗菌材料。
细菌的细胞膜带负电，银离子带正电，这样正负电荷相互吸引，
使银离子吸附在细菌壁表面，此时细菌的有些生理功能被破坏，
但仍有一定活性。而纳米抗菌材料中的银离子能保持很强的活性，
并可以从载体中缓释到载体表面。等银离子聚集量达到一定限度
后，就会穿透细胞壁进入细胞内，滞留在细胞膜上，破坏细胞膜
内酶的活性，最终导致细菌破裂死亡。之后银离子又会游离出来，
与其他细菌接触，周而复始进行上述过程（图6-5）。

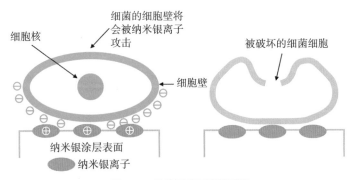

图6-5　纳米银离子抗菌原理

　　纳米材料在医学上也有许多应用。药物在人体中通过血液循环
输送到病变部位的过程中，不免会对人体产生副作用。如果我们的
药物都能够像导弹一样精准，只对病变部位有效，对身体其他部位
不产生任何影响，那将会极大地造福人类。在现实中确实存在这类

药物，它就是靶向药物。以纳米磁性材料为药物载体的靶向药物，被称为"生物导弹"。在磁性氧化铁纳米微粒包敷的蛋白质表面携带药物，注射进入人体血管，再通过磁场导航输送到病变部位释放药物，能减少药物对肝、脾、肾等产生的副作用（图 6-6）。

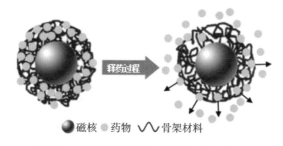

图 6-6　磁性靶向药物粒子的结构及其释药过程

医学上还可以利用纳米粒子制成纳米机器人，将其注入人体的血液中，对人体进行全身健康检查，疏通脑血管中的血栓，清除心脏动脉脂肪沉积物，甚至还能吞噬病毒，杀死癌细胞等（图 6-7）。

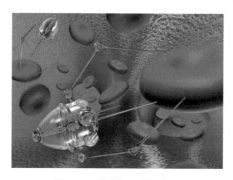

图 6-7　纳米机器人概念图

稀土材料

　　稀土（图6-8）是18世纪末被发现的。当时，人们常把不溶于水的固体氧化物称为土，例如，将氧化铝称为"陶土"，氧化钙称为"碱土"等。稀土是一部分难溶于水的金属氧化物的总称，因为当时比较稀少，所以称之为"稀土"。这些金属氧化物中的金属元素称为"稀土元素"。稀土元素氧化物是指元素周期表中原子序数为57~71的15种镧系元素氧化物，以及与镧系元素化学性质相似的钪和钇等17种元素的氧化物。含稀土元素成分的材料叫稀土材料。

图6-8　稀土

　　稀土有"工业维生素"的美称，具有无法取代的优异磁、光、电性能，对改善产品性能，增加产品品种，提高生产效率具有巨大的作用。

　　机动车尾气是造成雾霾的因素之一。现在的汽车尾气并不是直接排放到空气中，主要采用三效催化剂净化技术，将尾气中的碳氢化合物、一氧化碳和氮氧化合物等污染物还原成对人体无害的氮气和水，再进行排放。三效催化剂有多种类型，其中含有稀土材料的三效催化剂由稀土储氧材料（由氧化铈、氧化镧和氧化锆制备）、氧化铝材料和贵金属组成。由于稀土储氧材料的高性能，使三效催化剂的性能大幅度提高，现在国外已经达到废气准零排放水平。

稀土元素有独特的核外电子排布结构，使得稀土元素及其氧化物具有较高的催化活性，还可以作为添加剂或助催化剂，以提高催化剂的催化性能。稀土催化剂种类繁多，目前形成产业化的有石油裂化催化剂、汽车尾气净化催化剂及合成橡胶催化剂（图6-9）。

图6-9 涂有稀土催化剂的金属蜂窝催化剂载体

石油需要通过加工炼制才能得到汽油、柴油等产品。如果仅仅通过高温加热来获取产品，产品质量低、费用高。在石油炼制时采用稀土分子筛催化剂进行石油裂化催化，可以大幅度提高原油裂化转化率，增加汽油和柴油的产率。在实际使用中，可使原油转化率由35%～40%提高到70%～80%，汽油产率提高7～13个百分点。

稀土金属和过渡族金属形成的合金经一定的加工后，可制成稀土永磁材料（图 6-10），它比磁钢的磁性强 100 多倍。稀土永磁材料在人造卫星、航空仪器、核磁共振、风力发电等行业中得到了广泛的应用。

图 6-10　钕铁硼永磁体

由于稀土具有优良的光电磁等物理特性，能与其他材料组成性能各异、品种繁多的新型材料，大幅度提高产品的质量和性能，必然带来军事科技的跃升。例如，稀土的加入可以大幅度提高用于制造坦克、飞机（图 6-11）、导弹的钢材、铝合金、镁合金、钛合金的战术性能。从某种意义上说，冷战后的几次局部战争，美军都占据了压倒性的优势，正是因为他们在稀土科技上的遥遥领先。

稀土材料还被应用于各种各样的数码产品，包括视听、摄影、通信等多种数码设备中，满足了产品更小、更轻便、使用时间更长、节能、工

图 6-11　飞机中有很多稀土材料

作更快等多项要求。此外，稀土材料还被应用到绿色能源、医疗、净水、交通等多个领域。

白光 LED 灯与稀土发光材料

LED 是一种半导体发光器件（图 6-12）。

目前研发出的 LED 只能发出橙、黄、绿、蓝等颜色的光，这与照明需要的白光有很大差距。

怎样让 LED 发光二极管发出白光呢？目前普遍采用的方法是将 YAG 黄色荧光粉（稀土钇铝石榴石）涂覆在蓝光 LED 芯片表面，通过蓝光 LED 发出的蓝光激发荧光粉发出黄光。蓝光和黄光一起从 LED 里射出来，两种颜色的光混合起来就成为白光了。

图 6-12　LED

图 6-13　YAG 黄色荧光

碳材料

如果说有些自行车轮子的主要成分是碳（图6-14），你会相信吗？不管你是否相信，这是真的！它是以碳元素为主要成分的碳纤维制成的。

随着科技的发展，以石墨、无定型碳或含

图6-14　碳纤维制成的自行车轮

碳化合物为主要原料，经过特定的生产工艺，许多新型碳材料不断诞生，如碳纤维、柔性石墨、玻璃碳、碳纳米管、富勒烯以及现在很热门的石墨烯等。

碳纤维是一种含碳量在95%以上的无机高分子纤维。它的密度比铝小，但强度却高于钢铁，并且耐腐蚀，在国防军工和民用方面都有重要应用。如碳纤维增强的复合材料可以应用于飞机制造、风力发电等领域。由于碳纤维具有高硬度、轻质等卓越性能，所以它也越来越多地被应用在建筑物的加固上。

网球是一项深受人们喜爱的运动，挑选一款适合自己的球拍非常重要。用来制作网球拍的材质有木材、铝合金、玻璃纤维等，目前，用碳纤维材料制作的网球拍大受欢迎。碳纤维网球拍重量轻，有良好的力学性能和抗冲击性能，击球手感好，阻尼性好，震动小而不伤手腕（图6-15）。

　　碳纤维材料也是汽车制造商青睐的材料，在汽车内外装饰中大量采用，它可以使汽车轻量化。现在的F1（世界一级方程式锦标赛）赛车，车身大部分结构都采用碳纤维材料。一些无人机也用碳纤维材料制成（图6-16）。

图6-15　碳纤维制作网球拍　　　　图6-16　用碳纤维制成的无人机

　　碳纳米管（图6-17），又名巴基管，是一种具有特殊结构（径向尺寸为纳米量级，轴向尺寸为微米量级，管子两端基本上都封口）的一维量子材料，具有许多异常的力学、电学和化学性能。近年来随着碳纳米管及纳米材料研究的深入，其广阔的应用前景也不断地展现出来。

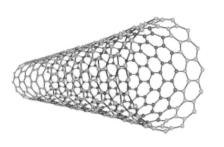

　　碳纳米管可以制成透明导电的薄膜，用以代替氧化铟锡作为触摸屏的材料。氧化铟锡含有稀有金属"铟"，成本较高。碳纳米管触摸屏的原料是甲烷、

图6-17　碳纳米管

乙烯、乙炔等气体，不像稀
有矿产资源受限制。目前已
有多款智慧型电子设备上使
用碳纳米管材料制成的触摸
屏（图6-18）。

　　病毒是十分微小的，我
们在电子显微镜下虽然可以
看到其面目，但无法知道

图6-18　碳纳米管触摸屏

其质量。目前由碳纳米管制造的纳米秤可以解决这一问题。纳
米秤的原理与普通的电子秤原理不同。当病毒等微小物体黏在
碳纳米管顶端时，纳米管在每秒内振动的次数会发生变化，
通过测量振动次数的变化，就可以计算测出黏结在顶端颗粒
的质量（图6-19）。这种新发明的纳米秤是世界上最为敏感
和最小的衡器。可以预
见，这种纳米秤可以用
来测量大生物分子和生
物医学颗粒的质量。例
如，在医学领域可以称
出一些疾病中不同病毒
的质量，由此区分病毒
种类，来发现新的病毒。
未来它将是人类向微观世
界进军的有力武器。

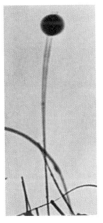

图6-19　纳米秤原理。左边为顶部未黏颗
粒时，右边为顶部黏颗粒时

富勒烯

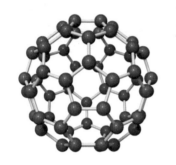

图 6-20　一种典型的富勒烯 C60

富勒烯（图 6-20）是单质碳被发现的第三种同素异形体。任何由碳一种元素组成，以球状、椭圆状或管状结构存在的物质，都可以被叫作富勒烯，所以富勒烯是一类物质（图 6-21）。1985 年，美国科学家罗伯特·柯尔等人制备出了 C_{60}，1989 年德国科学家证实了 C_{60} 的笼状结构。

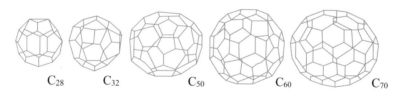

C_{28}　　C_{32}　　　C_{50}　　　　C_{60}　　　　　C_{70}

图 6-21　富勒烯的笼状结构系列

在工业应用中，富勒烯添加剂可以使润滑油寿命延长 30%；富勒烯与碱金属形成的复合体系是优良的高温超导材料，其超导临界温度高达 46 开尔文；基于 C_{60} 光电导性能的光电开关和光学玻璃已研制成功；以富勒烯为关键材料的聚合物太阳能电池光电转换效率达到 10.8%。此外，C_{60} 还能够在半导体、催化剂、蓄电池材料等领域得到深入应用。

在生命科学方面，基于富勒烯的磁共振造影剂、治疗癌症的新型药剂正在快速发展。C_{60}是一种很强的抗氧化物质，人们已开发出可以用在保健品中的富勒烯，为人类抗肌肤老化带来福音。

富勒烯作为一种新型纳米碳材料，在超导、磁性、光学、催化材料及生物等方面表现出优异的性能，有极为广阔的应用前景。

图 6-22　含富勒烯的太阳能电池薄膜

储能材料

手机里都装有电池，电池为手机的工作提供了能量来源。与能源有关的材料很多，如用于太阳能和薄膜电池的多晶硅、非晶硅材料；用于新型核电反应堆的核能材料；用于镍氢电池、锂电池以及高性能聚合物电池的新型材料；等等。以下介绍两种储能材料。

储氢合金　全球范围内能源消耗持续增长，目前 80% 的能源

图 6-23　手机中的电池

还是来自化石燃料。化石燃料不可再生，燃烧后会产生温室气体。于是，寻找新能源成了人们极为关注的课题。氢气是一种热值高而且对自然环境无污染的燃料，专家认为不久的将来，氢气将成为一种主要的新燃料。氢能的使用涉及三个部分：制备、储存和能量转化。其中，氢气的储存是氢能使用的关键环节，尤其是在车载氢能源的使用过程中。

　　传统储氢方法有两种：一是利用高压钢瓶储存氢气；二是用特制钢瓶储存液态氢。这两种方法都存在耗能高、容器笨重不便、不安全等缺陷，因此其应用受到限制。

　　一种新型简便的储氢方法是利用储氢合金来储存氢气。研究证明，在一定的温度和压力条件下，一些金属能够大量"吸收"

图 6-24　新研发的氢能汽车

氢气，反应生成金属氢化物，同时放出热量。随后，将这些金属氢化物加热，它们又会分解，将储存在其中的氢释放出来。

合金与氢气反应后，氢以原子态储存于合金

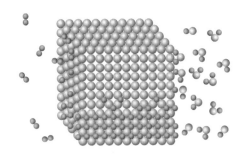

图 6-25　金属吸氢过程

中，这些金属氢化物加热后释放氢气，氢气再重新释放出来时，经历扩散、相变、化合等过程。合金储氢的安全性、稳定性以及可操作性等都比较优越，是一种极其简便易行的理想储氢方法。

目前科学家在大力研究、发展的储氢合金主要有：钛系储氢合金、锆系储氢合金、铁系储氢合金及稀土系储氢合金。这些储氢合金的储氢能力都很强，单位体积储氢的密度，是相同温度、压强条件下气态氢的 1000 倍，也即相当于储存了 1000 个大气压的高压氢气。

储热材料　太阳能发电有两种方式：一种是太阳光伏发电，将太阳能直接转变成电能；另一种是太阳光热发电，先将太阳能转化为内能，再将内能转化成电能。与只能在白天工作的太阳光伏发电不同，太阳光热发电站可采用储热材料存储白天未用完的内能，在晚上利用储热材料释放的热量继续发电。

以甘肃敦煌光热电站为例（图 6-26），该电站以熔盐作为储热材料，以近 140 米高的熔盐吸热塔为核心，四周围绕了 1500 余面定日镜。定日镜时刻保持追踪太阳获得最大太阳辐射，形似"追

图 6-26　甘肃敦煌全天候熔盐塔式光热电站

光向日葵"。熔盐吸热塔顶端安放吸热器，用于吸收定日镜反射的太阳能，加热传热流体熔盐，从而存储光能。该电站共使用 5800 吨熔盐作为吸热、储热和换热的介质，可在没有光照的条件下 15 小时满负荷运行，从而使电站实现 24 小时连续发电。

储热材料是把内能以化学能等形式暂时储存起来，根据需要又可以把化学能等能量转化为内能加以利用的材料。目前主要是利用物质在固态—液态进行物态转化过程中需要吸热和放热来进行储热（图 6-27）。主要的储热材料为无机盐，如钠盐、钡盐和钙盐。储热材料的物态变化温度可以通过调整配方来改变。

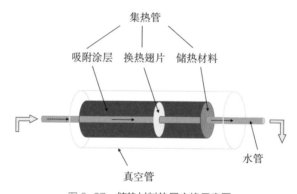

图 6-27　储热材料热量交换示意图

　　甚至有人提出，如果能更好地解决储能材料问题，在夏季利用储热材料把能量存储起来，到冬天再让储热材料放热来提供能量，从而解决冬季供暖量不足和夏季热量过剩的矛盾。当然，这还仅仅是设想。

　　　　对储热物质而言，它的比热容有什么要求？为什么？

第7章

探秘水世界

水同氧气一样都是宇宙万物中最宝贵的东西，是维持生命不可缺少的物质。在地球上，哪里有水，哪里就有生命。一切生命活动都源于水。水对我们如此重要，那么，你对水又了解多少呢？

图7-1　水

水和冰的微观世界

稍稍打开水龙头，使水龙头流出尽可能细小的水流。用一个带电体靠近水流，你会观察到水流不再竖直往下流，而是发生了偏向（图7-2）。如果将水换成其他液体，就不一定能观察到这种奇妙的现象。这是为什么呢？现在，让我们深入水分子的微观世界，看一看氢原子和氧原子是如何结合成水的。

水分子是由 2 个氢原子和 1 个氧原子组成的，氢原子的核外只有 1 个电子；氧原子核外有 8 个电子，其中有 6 个电子在最外层（图7-3）。在水分子中，1 个氧原子与 2 个氢原子通过共用两个电子对使每个原子的最外层都达到了稳定结构。氢、氧原子这种相互共用电子的紧密结构，导致水很难被分解。这就是水稳定

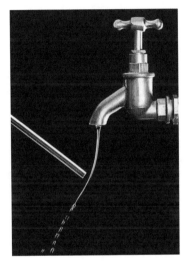

图7-2 水流在带电橡胶棒的影响下发生偏向

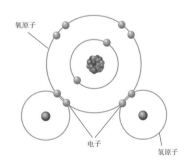

图7-3 水分子电子排布

的原因。

　　水分子中的 3 个原子在空间上处于折线型，如果用线把 3 个原子连接起来，恰似一个等腰三角形。水分子等腰三角形结构以及氢、氧原子吸引电子对的力量存在的差异，使得水分子内部的电荷分布不均。由于氧原子对电子的吸引力比氢原子大得多，所以分子中的负电荷的"重心"（将电荷等效视作集中于某一点）在氧原子，而正电荷的"重心"在 2 个氢原子连线的中间点（图 7-4）。水分子内部正电荷与负电荷的"重心"不重合，即水分子一头带正电另一头带负

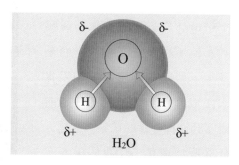

图 7-4　水分子内部正电荷与负电荷的分布（δ+、δ- 分别表示部分正电荷和部分负电荷）

电，因此细小的水流在带电橡胶棒的影响下会发生偏向。

　　我们知道，如果物体所受外界压强不变，一般物质液态凝固为固态时体积会减小，因此我们常说物体体积随温度的变化是热胀冷缩的。但是，固态水（冰）的密度却要比液态水的密度小，而且在 0 ~ 4℃内，水却具有热缩冷胀的特性。在 4℃时，水的密度最大，为 1.0 克 / 厘米^3。水的这种反常膨胀特性，对江河湖泊中动植物的生命有着重要的意义。

　　水的反常膨胀特性跟水分子中正负电荷分布的特点直接相关。由于水分子中正负电荷所处的位置，一个水分子中的氧原子会与别的水分子中的氢原子相互吸引，从而使水分子与水分子有序地

排列。在冰中，水分子之间的有序排列会形成空旷的晶体结构（如图7-5左）。而在水中，水分子没有形成晶体结构（如图7-5右）。这样，冰中的水分子之间就会相离得较远一些。而其他大多数物质其固态与液态相比，粒子之间会靠得更近些。所以，水结成冰后体积会增大，密度会减小，而其他大多数物质凝固时体积会缩小，密度会增大。

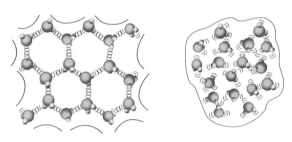

图7-5　固态水（左）和液态水（右）的微观结构

　　为什么4℃以下的水温度越低体积越大呢？这是因为冰熔化成水时，并不是所有微小的晶体结构都会消失。在接近0℃的液态水中，还存在着一些微小的冰晶，如图7-6所示。这些冰晶的存在，使此时水的体积大于略温暖的水。随着水的温度继续升高，更多的剩余冰晶体熔化，冰晶的熔化减小了水的体积。这个过程中，水同时经历两个变化——收缩（冰晶熔化）和膨胀（分

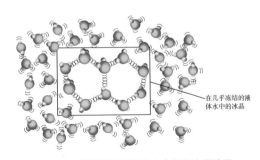

在几乎冻结的液体水中的冰晶

图7-6　接近0℃的液态水中仍有小量冰晶

图7-7　水分子的微观结构决定了雪花多样的外形

子振动幅度增大引起）。在低于4℃时，以冰晶熔化为主，即水的体积随温度的升高而减小；当水的温度达到4℃后，因为大多数微小的冰晶已经熔化，膨胀超过了收缩。

水分子之间有多种排列方式，不同的排列方式会产生不同的外观形状。科学研究发现，世界上没有两片雪花的形状是完全相同的，美丽多姿的雪花就是与大量水分子的不同排列有关。

水的熔沸点较高，在常温下水是液态而其他氢化物却是气态。因为这个特性，我们身体里的血液才得以安静地流淌而不会沸腾。

水为什么能成为常见的溶剂

纯水无色、无味、无臭，是一种很好的溶剂，能有效去除污物杂质，被称作"通用溶剂"。通常情况下，当溶液中没提到具体是什么溶剂时，我们会把溶剂默认为水。水为什么能成为最常见的溶剂呢？

关于物质的溶解，科学上有一个"相似相溶"的原理，"相似"

是指溶质与溶剂在结构上相似，即结构相似的物质之间大多能相互溶解。

水分子含"–OH"原子团，水能溶解也含有"–OH"原子团的物质，如酒精、乙酸、葡萄糖等物质。

水分子内部正电荷与负电荷的"重心"不重合，即水分子一端带正电另一端带负电，因此水易溶解与它具有相似结构特点的物质（如多数的盐和酸）。

食盐熔化的温度高达 800℃，但把食盐放入水中，食盐便被电离成了无法用肉眼看到的微粒分散在水中。这是因为水分子中电荷分布的不均性，才使水拥有了如此强大的力量。氯化钠中的氯离子带负电，钠离子带正电，当氯化钠晶体放到水中时，就会被许许多多的水分子包围。由于异性电荷相吸，同性电荷相斥，水分子中带负电的氧原子一端会对着带正电的钠离子，带正电的氢原子一端会对着带负电的氯离子，随着水分子不停地做无规则运动，氯化钠晶体中的钠离子和氯离子就不断地被分开了，从而在水中发生了电离（图 7-8）。

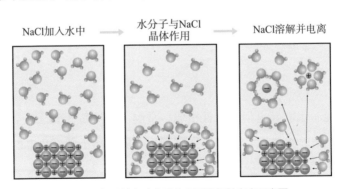

图 7-8　氯化钠在水分子作用下溶解并电离示意图

多数的盐能溶解在水中并在水中发生电离，不少分子组成的物质也能溶于水，如氨气、氯化氢等都是极易溶于水的气体。氯化氢是由分子组成，氢原子和氯原子处于直线上，氯原子吸引电子的能力强于氢，因此，氯化氢分子内电荷分布也呈不均性。当氯化氢通入水中时，水分子们就像对待氯化钠一样将其包围，并不断运动。因此，氯化氢气体极易溶于水且能在水中电离出氢离子和氯离子。同样，氨气易溶于水，其原因也在于氨气分子内部电荷分布的不均性。相反，氯化氢、氨气极易溶于水，而甲烷、四氯化碳等分子内部电荷分布均匀，则在水中不溶解。

水具有能溶解很多物质的性质，不仅使水成为最常用的洗涤媒介和最重要的无机溶剂，使物质的溶液呈现出缤纷多彩的性质，而且决定了水在生命活动中无可替代的作用，如人体内所有物质都必须溶解在水中运输，人体内的各种生理活动都离不开水。

水的化学性质

纯净水能导电但导电性很弱，常温下，约每 5.6×10^8 个水分子中只有一个电离，水电离生成带正电的氢离子和带负电的氢氧根离子，其电离方程式可简写为：

$$H_2O \rightleftharpoons H^+ + OH^-$$

水是一种既能释放氢离子也能接受氢离子的物质，水具有以下化学性质：

（1）分解产生氢气

水是一种十分稳定的化合物，一般需要在温度达到2000℃以上才能开始分解。但水在通电的情况下会发生分解，所需电压仅为1.23伏。水分解产生氢气，氢气具有清洁、高效、安全、可贮存可运输等诸多优点，已普遍被人们认为是新世纪最理想的一种绿色能源。

利用太阳能，通过一定的材料先把太阳能转化为电能，然后通过电解过程实现光解水制氢是产氢的新途径。这种方法被誉为"人类的理想技术之一"。太阳能是一种清洁的可再生能源，能量巨大，利用太阳能光电化学分解水制氢，是从长远角度解决人类能源问题和环境问题的一条重要途径。

（2）与一些单质反应产生氢气

水跟活泼金属（如钾、钙、钠等）在常温下就可以发生剧烈反应，由于生成的氢气具有可燃性，故容易发生爆炸。例如，水和钠反应的化学方程式为：

$$2Na+2H_2O = 2NaOH+H_2\uparrow$$

常温下没有氧气存在时，水与铁几乎不反应，但高温下铁会与水蒸气发生反应，生成黑色的四氧化三铁和氢气。反应的化学方程式为：

$$3Fe+4H_2O（气）\xrightarrow{高温} Fe_3O_4+4H_2\uparrow$$

拉瓦锡在证明水可以分解成可燃气体（氢气）和氧气时，曾把铁屑装在一个枪筒里，把枪筒放在火上加热，让水蒸气通过枪筒接触烧红的铁屑进行分解，果然生成了"可燃气体"（氢气）和铁滓（即四氧化三铁）。这个实验第一次证明了水不是元素，而是氢和氧的化合物。

古代铁匠师傅打铁时，常把烧红的铁器浸入水中急速冷却，增加铁器的硬度，此法称为"淬火"（图 7-9）。烧红的铁器放入冷水中时，会听到"嗤"的一声，同时看到铁器的表面变黑，这就是水和铁

图 7-9 淬火

发生了化学反应。淬火工艺在现代机械制造工业仍然在广泛应用。

水还能与碳发生反应，水煤气就是水蒸气通过炽热的焦炭而生成的一氧化碳和氢气的混合气体。

（3）与氧化物反应

水能与一些活泼金属的氧化物（如氧化钠、氧化钙等）化合生成对应的可溶性碱，反应的化学方程式为：

$$Na_2O+H_2O \longrightarrow 2NaOH$$

$$CaO+H_2O \longrightarrow Ca(OH)_2$$

生石灰易与水反应，这一性质可用于制备氢氧化钙，也常用作碱性干燥剂。氧化钙与水反应会产生大量的热，常用于自动加温（如自动加热饭盒、"一拉热"食品等）。虎门销烟时，当时林则徐为了防止废气和避免鸦片污染土壤，就采用向水中加入鸦片

和氧化钙的方法来分解鸦片（图7-10）。

图7-10 虎门销烟

水也能与大多数酸性氧化物化合生成对应的酸，这一性质可用于各种酸的制备。如工业制硫酸的化学方程式为：

$$2SO_2+O_2 \xrightarrow[\triangle]{催化剂} 2SO_3$$

$$SO_3+H_2O = H_2SO_4$$

（4）与盐的反应

水能与一些盐反应形成结晶水合物，如蓝色的无水氯化钴极易吸收潮湿空气中的水蒸气而变红，因为二水合氯化钴（$CoCl_2·2H_2O$）晶体的颜色是红紫色，无水氯化钴晶体是红色的（图7-11）。

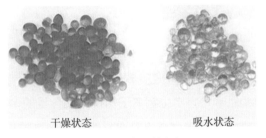

干燥状态 吸水状态

图7-11 氯化钴变色

根据这一性质，人们可利用一些特殊的盐（如硫酸铜粉末）

或盐制品（如氯化钴试纸）检测水分的存在，也可利用某些盐极易结合水分子的性质制作干燥剂，如氯化钙就是一种常见的干燥剂。且由于氯化钙结合水分子的能力较强，也广泛地应用于马路洒水除尘的保湿剂。根据盐的水溶液凝固点低于 0 ℃的性质，氯化钙等常见的盐类还可用于制作融冰（雪）剂。

水壶为什么会长水垢

图 7-12　水壶内壁附着的水垢

烧开水的水壶，热水瓶的瓶胆，食堂的锅炉壁等地方均有一层灰黄色的水垢（图 7-12）。水垢来自哪里？它是如何产生的？

降雨过程中，水吸收溶解大气中的物质；雨水落到地面，地面水渗入地下或汇入江河的过程中，都会不断溶解所接触的钙、镁等矿物质。

水的硬度通常是指水中钙离子和镁离子含量的多少，是将水中的全部盐类换算为碳酸钙来计量。当水的硬度（以碳酸钙计）小于 150 毫克 / 升时，称为软水；150～450 毫克 / 升时，称为硬水；450～714 毫克 / 升时为高硬水；大于 714 毫克 / 升时为特硬水。

国家生活饮用水硬度的卫生标准为小于 450 毫克 / 升。

如果硬水中的钙和镁主要以硫酸盐、氯化物、硝酸盐的形式存在，当水煮沸时，这些盐就不会沉淀，无法除去，这种硬水称为永久硬水。当硬水中的钙和镁主要以碳酸氢盐形式存在时，这些盐在水被煮沸时便会发生分解，变成碳酸盐沉淀析出而除去，这种硬水称为暂时硬水。

自然水中，雨水和雪水属于软水，蒸馏水也是人工加工的软水。泉水、溪水、江河水和部分地下水属于暂时硬水。硬水并不会对健康造成直接危害，但是会给生活带来很多麻烦，比如用水器具上结水垢、降低肥皂和清洁剂的洗涤效率等。

将自来水加热时，溶解在水中的碳酸氢钙或碳酸氢镁受热会分解生成碳酸钙和碳酸镁，其中的碳酸镁微溶于水，在进一步加热的条件下会与水反应生成更难溶的氢氧化镁，日积月累，就会在锅底与瓶底就形成一层以碳酸钙、氢氧化镁为主的沉淀即水垢。如果是将含碳酸氢钙和碳酸氢镁较多的井水或河水加热，水垢更容易产生。

区分硬水和软水的简单方法可以采用肥皂水：分别用两个烧杯取等量水样，向两个烧杯中分别滴加等量的肥皂水并搅拌。泡沫多、沉淀少的为软水；泡沫少、沉淀多的为硬水（图 7-13）。

降低水的硬度可以

图 7-13 肥皂水区分软水（左）和硬水（右）

用煮沸法、化学法（如石灰法、石灰—纯碱法等）、离子交换法，膜分离法等方法。煮沸法操作方便，但是其能耗高，极不经济，不适合处理永久硬水，也不适合处理大量的用水。目前最常用的、较经济的方法是离子交换法。

离子交换法采用特定的阳离子交换树脂（图7-14），这种树脂带有相应的功能基团（有交换离子的活性基团）。一般情况下，常规的钠离子交换树脂带有大量的钠离子。当水中的钙镁离子含量高时，离子交换树脂可以释放出钠离子到水中，水中的钙镁离子与树脂中相应的功能基团结合，这样水中的钙镁离子含量降低，水的硬度下降，硬水就变为软水。

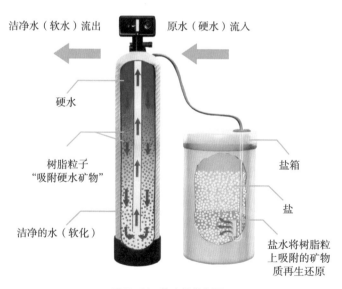

图7-14　软水机结构图

海水淡化

　　地球虽然拥有数量巨大的水，但可供人类饮用的淡水的比例却极小，约占 3%。随着人口的增长以及生活条件的改善，人类对淡水的需求量越来越大，因此水资源缺乏问题日益突出。解决水资源短缺问题，目前看来最有前景的解决办法是开发利用某些看起来不可用的水，海水淡化就是一种有效的措施。

　　海水的平均盐度是 35‰，即每千克海水中的含盐量约为 35克。海水淡化就是采用某种方法从海水中取得淡水的过程。海水淡化是人类追求了几百年的梦想，世界上有十多个国家的一百多个科研机构在进行着海水淡化研究，有数百种不同结构和不同容量的海水淡化设施在工作（图 7-15）。

图 7-15　海水淡化工厂

现在已经开发的海水淡化技术有二十多种，主要分为蒸馏法（如多级闪蒸法、多效蒸发法等）和反渗透法（又称膜法）两大类。

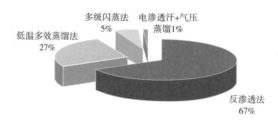

低温多效蒸馏法
27%

多级闪蒸法
5%

电渗透汗+气压
蒸馏1%

反渗透法
67%

图 7-16　中国海水淡化各类方法的应用比例

蒸馏法虽然是一种比较古老的方法，但由于技术的不断改进与发展，使得该法至今仍占统治地位。蒸馏法的实质就是将海水加热使之蒸发，然后将蒸汽冷凝，即得到淡水。蒸馏法依据所采用的能源、设备及流程不同，又区分为单级闪蒸法、多级闪蒸法、多效蒸发法、蒸气压缩法等多种，其中多级闪蒸技术最成熟。

所谓闪蒸，是指加热到一定温度的海水在压力突然降低的条件下，部分海水急骤蒸发的现象。多级闪蒸就是以此原理为基础，将经过加热的海水，依次在多个压力逐渐降低的闪蒸室中进行蒸发，将蒸汽冷凝而得到淡水（图 7-17）。多级闪蒸是海水淡化工

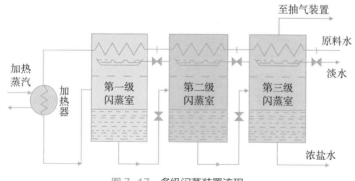

图 7-17　多级闪蒸装置流程

业中最成熟的技术，运行安全性高，弹性大，适合于大型和超大型淡化装置，主要在海湾国家使用。

反渗透是一个自然界中水分自然渗透过程的反向过程。在通常情况下，淡水会通过半透膜扩散到海水一侧，从而使海水一侧的液面逐渐升高，直至一定的高度才停止，这个过程为渗透。反渗透指的是利用只允许溶剂透过、不允许溶质透过的半透膜，在原水一侧施加比溶液渗透压高的外界压力，将海水与淡水分隔开的过程（图7-18）。

反渗透法最早用于太空宇航员的尿液回收。医学界还将反渗透技术用来洗肾（血液透析）。1950年，美国科学家无意中发现：海鸥在海上飞

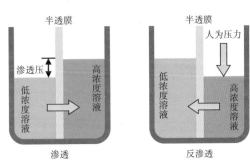

图7-18　渗透和反渗透原理

行时，从海面啜起一大口海水，隔了几秒后再吐出一小口海水。陆地上用肺呼吸的动物是绝对无法饮用高盐分的海水的，那为什么海鸥就可以饮用呢？于是，科学家将海鸥带回实验室，经过解剖发现在海鸥嗉囊位置有一层构造非常精密的薄膜。海鸥正是利用了这层薄膜把海水过滤为可饮用的淡水，并将含有杂质及高浓缩盐分的海水吐出嘴外。这就是反渗透法的基本原理。

矿泉水和纯净水

水的独特结构和性质决定了水在地球生命体系中的地位，水不仅是组成身体的重要成分，而且在人体调节体温、调节血液和人体细胞的二氧化碳浓度以及各种无机盐浓度中发挥着不可替代的作用。水是我们身体的润滑剂，它促进了新陈代谢，增强了血液的流动性，故而又有"水是营养之首，亦是百药之王"的说法。

目前市场上的包装饮用水中，矿泉水与纯净水占据了绝大部分。矿泉水是大家再熟悉不过的饮用水产品，饮用矿泉水可以为人体适当补充矿物质元素，增强人体的新陈代谢活动，提高身体机能。但是你知道矿泉水到底含有哪些矿物质元素吗？目前市场上销售的矿泉水都是天然水吗？纯净水到底是一种什么水？纯净水的特征是什么？饮用纯净水到底是否会有损健康？

矿泉水是在地层深部循环形成的，从地下深处自然涌出的或经人工开发的、未受污染的地下泉水。矿泉水含有一定量的矿物盐、微量元素或二氧化碳气体，在通常情况下，其化学成分、流量、水温等动态在天然波动范围内相对稳定。

矿泉水中含有的矿物质或气体必须有一项或一项以上达到国家标准。一般来说，矿泉水中所含的有益元素，对于偶尔饮用者是起不到实质性的生理或药理效应的。

由于矿泉水中矿物质元素（如钙、镁等）含量较多，有一定硬度，常温下很容易被人体吸收。但如果煮沸，部分矿物质元素容易生成水垢，因此，矿泉水尽量不要煮沸饮用。

纯净水简称净水或纯水，是纯洁、干净，不含有杂质和细菌的水，是以符合生活饮用水卫生标准的水为原水，通过电渗析法、离子交换法、反渗透法、蒸馏法及其他适当的加工方法制得。纯净水密封于容器内，且不含任何添加物，无色透明，可直接饮用。市场上出售的太空水、蒸馏水均属于纯净水。

但需要指出的是，饮水是为了给人体补充必要的水分，而不是为了补充其他营养和矿物质。人体所需的营养物质完全可以通过其他食物来摄入，而且其他膳食中含有的营养物质比饮用水中的丰富得多。据统计，喝一杯牛奶所含的钙质等于200杯矿泉水的含钙量，吃一块肉所含的含铁量等于8200杯矿泉水的含铁量。人体所需的各种营养素，包括矿物质和微量元素，应该从食物中摄取，靠喝水来补充营养，无异于杯水车薪。

人体的pH根本不需要特别摄入酸性或碱性的食物或水分来维持，因为人体在正常的代谢过程中，会不断产生酸性物质和碱性物质，而且从食物中摄取的酸性物质和碱性物质在人体内也会不断变化。人体的自我调节能力非常强，会把pH稳定在正常范围内，所以，这种酸碱平衡不会轻易受食物或饮用水影响。

第8章

溶液

　　人的生命活动离不开各种溶液。人体组织间液和各种腺体的分泌液都是溶液，食物的消化吸收、氧气的吸收、二氧化碳的排出、体内的各种代谢反应都是在溶液中进行的。可以说，没有溶液就没有生命。

　　我们的日常生活需要溶液，如饮料、盐水、葡萄糖溶液等都是溶液。在科学研究中也会经常涉及溶液，许多化学反应就是在溶液中进行的。

图 8-1　科学研究离不开溶液

什么是溶液

如果说合金轮子（图 8-2）是溶液，你肯定会认为这是笑话！在你的脑海里，可能认为糖水、盐水才是溶液，合金轮子是固体，怎么可能是溶液？可科学上却认为合金是溶液。

图 8-2　合金轮子

让我们先看看溶液的科学定义吧！在科学上，溶液是一种或多种物质分散到另一种物质中，形成的均一、稳定的混合物。其中被溶解的物质叫溶质，溶解其他物质的物质叫溶剂。由此可见，溶液并不一定是液体。

很多溶液都是液体，而溶质可以是固体、液体或气体。例如，糖水是蔗糖加水配成的溶液，溶质蔗糖是固体；盐酸是氯化氢的水溶液，溶质氯化氢是气体；医用酒精是溶质质量分数为 75% 的酒精溶液，溶质酒精是液体。

但是，根据溶液的科学定义，溶液也可以是固体或气体。固体溶液就是一种（或更多）固体均匀分散在另一种固体中形成的混合物。例如各种合金钢分别是少量碳、镍、铬和锰等溶于铁中而形成的固体溶液，其中的碳、镍、铬和锰是溶质，铁是溶剂。同理，气体溶液就是溶质和溶剂都是气体的混合物，比如我们周围的空气就是一种气体溶液。

溶液中各种成分只是混合在一起，互相之间并不发生化学反应。也就是说，各种成分都保持自己原有的性质不变。但混合物溶液的性质并不是各组分性质之和，它具有单一成分所不具有的优良性能。例如，锰钢是一种高强度的钢材，是固体溶液，由锰钢所制成的各种工具主要用于需要承受冲击、挤压、物料磨损等恶劣工况条件，纯锰或纯铁都不具有这些性能。

图 8-3 用锰钢制成的高强度管子割刀

药丸也是由药物和相应的载体（如淀粉等）组成的固体溶液。如果药丸仅由药物做成，那么血液中或体内组织中的药物浓度可能会上下波动过大，不但起不到应有的疗效，而且还可能产生副作用。虽然频繁的小剂量服药可以调节血药浓度，从而避免上述现象，但实施起来有很多困难。因此，制备能够缓慢释放药物成分的缓释性长效药品在治疗中是很有必要的。要制备缓释长效药品，关键是要制备能使被承载的药物缓慢释

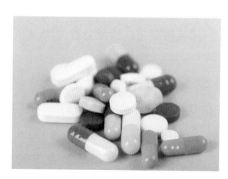

图 8-4 药物中的"溶剂"使药物能缓释

放的载体材料。载体材料就是固体溶液中的溶剂，它使药物的释放方式发生了变化。

链接

黏性溶液

许多胶水都是由胶黏分子组成的，这些胶黏分子不溶于水等溶剂，但是它们溶于汽油等有机溶剂。

胶水是胶黏分子溶解在有机溶剂中形成的溶液。胶水从管子中被挤出后，溶剂会蒸发，只留下胶黏分子。这些胶黏分子紧密结合，形成黏性固体，将两个表面紧紧黏合在一起（图8-5）。

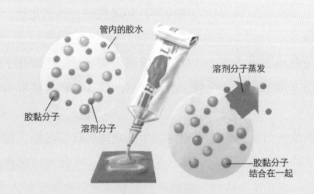

图8-5 黏性溶液

电离与电解质

图 8-6　氯化钠受热熔融

氯化钠溶解在水中后能产生自由移动的钠离子和氯离子，我们也把这个过程称为电离。当然，把氯化钠加热至熔融状态，也能产生自由移动的钠离子和氯离子。电解质在水溶液中或熔融状态下（图 8-6）解离成自由移动阴阳离子的过程叫电离。能电离的物质称为电解质，如氯化钠、氢氧化钠、硝酸铵、醋酸等。

有些物质能溶于水，但不能生成阴阳离子，仍然以分子的形式存在于水溶液中，如蔗糖、酒精、甘油等，这些物质称为非电解质。

电解质参与人体内许多重要的生理功能和代谢活动，对人体正常的生命活动的维持起着非常重要的作用。人体内电解质的分布情况是：在正常人体内，钠离子占细胞外液阳离子总量的 92%，钾离子占细胞内液阳离子总量的 98% 左右。钠、钾离子的相对平衡，维持着整个细胞的功能和结构的完整。电解质代谢紊乱可使全身各器官系统，特别是心血管系统、神经系统的生理功能和机体的物质代谢发生相应的障碍，严重时可导致死亡。例如，人体缺钾后，会出现四肢肌力减退、软弱无力，甚至出现迟缓性瘫痪及周期性瘫痪。

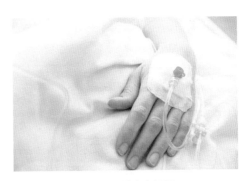

当人体出现电解质代谢紊乱时，需要及时治疗，例如通过输液补充某种电解质

图 8-7　补充电解质

的不足。运动后喝一些电解质饮料，能快速补充水分及电解质，迅速缓解疲劳。

电解质溶液为什么能导电

水电解能生成氢气和氧气（图 8-8），但如果烧杯中放入的是纯净水，这个实验将无法完成。这是因为纯净水是不能导电的，电流无法通过，怎么能用来电解水？要让水导电，需要在纯净水中加入一定量的硫酸或者氢

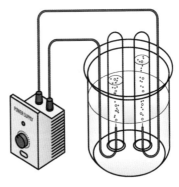

图 8-8　电解水实验

氧化钠等物质，氯化钠等物质的溶液也能导电。为什么这些物质的溶液能导电呢？

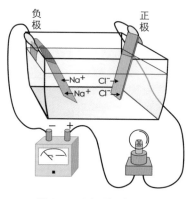

图 8-9　电解质导电原理

电流是电荷的定向移动形成的。物质要能导电，则物质中必须有大量能自由移动的电荷。当把氯化钠放入水中时，会发生电离而产生能自由移动的钠离子和氯离子。电解质溶液通入直流电后，阴、阳离子分别向阳极和阴极移动，形成了电荷的定向移动。因此，电解质是靠自由移动的离子的定向运动而导电的（图 8-9）。

必须注意的是，若电解质不溶于水，仍然为固体，其内部虽然有阴阳离子，但这些阴阳离子不能自由移动，也不会导电。

水溶液的导电能力与自由移动离子的多少有关。自由移动的离子越多，导电能力越强；自由移动的离子越少，导电能力越弱。据此可以推测，同一种溶液导电能力越强，里面溶解的物质就越多，反之越少。根据这一原理，人们通过测量水的电导率，间接测量溶解在水中物质的多少。

乳化作用

　　水和油互不相溶，即使经过充分震荡，静置片刻后，两者还是会分离。但是，如果你向里面加入一定量的洗涤剂并震荡、静置，两者相互溶解，便成了乳液（图 8-10）。这里，洗涤剂成为乳化剂。乳化剂是怎样发挥作用的呢？

水和油　　　　　　　　　　　加入乳化剂后

图 8-10　油的乳化

　　在油和水混合的乳浊液中，油和水分散成了一个个小的液珠，水包裹住了油，均匀地分散在容器里面。但是，这种稳定状态是暂时的，因为两个相近的油珠子可能会冲破它们之间的水分子形成的屏障，然后融合在一起，形成一个大的油珠（图 8-11 左）。这个大的油珠又会和其他的珠子继续融合……最后所有的油都融合到了一起。其结果是：乳浊液分层了，上层是油，下层是水。

　　当在水、油混合液中加入乳化剂后，情况就发生了变化：乳化剂的空心一头可以和水紧密结合，而实心黑色的一头可以和油紧密结合（图 8-11 右）。这样就像一条锁链，同时拴住了油珠和水珠。结果就是，油珠和油珠想要再冲破它们之间的水分子变得很困难，它们之间的融合也更难以发生，最后的结果就是，乳浊液的稳定性提高了，不会那么容易地分层。乳化剂的这种作用叫作"乳化作用"。洗衣粉能去除衣服上的油污，就是因为它具有乳化作用，能把油污从衣服上拉到水中。

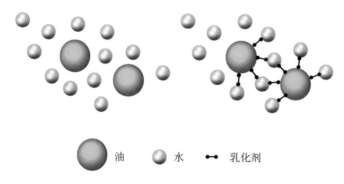

油　　水　　乳化剂

图 8-11　乳化的原理

乳化在化妆品行业中有非常重要的作用。化妆品中有多种成分，这些成分之间很可能互不相溶。要制备出性质优良和稳定的乳状液化妆品，就需要加入一些乳化剂。此外，人体中的胆汁对脂肪具有乳化作用，使脂肪变成小的微粒，增加了脂肪与消化酶的接触面积，从而有利于脂肪的消化。

气体的溶解性

在闷热的夏天，我们常常能看到很多鱼浮到水面，吞食空气，也即出现"鱼浮头"现象（图 8-12）。此时，鱼塘管理人员会对鱼塘进行增氧（图 8-13）。为什么会出现"鱼浮头"现象呢？要解释这一现象，需从气体的溶解性谈起。

图 8-12　鱼浮头

图 8-13　鱼塘增氧

溶解氧　气体溶解能力的大小，首先取决于气体的性质，同时也随着气体压强和溶剂温度的变化而变化。在 20℃，标准大气压下，1 升水可以溶解气体的体积是：氨气 702 升，氢气 0.01819 升，氧气 0.03102 升。

打开汽水瓶，可看到汽水中冒出大量的气泡。如果在打开瓶盖前摇晃几下瓶子，开瓶后，瓶内的气体将带着汽水从瓶口冲出（图 8-14）。这是因为在封装汽水时，在瓶内压入了一定量的二氧化碳。由于一定温度下，气体的溶解度随液面气压的增大而增大，

图 8-14　喷涌而出的汽水

液面气压较大，气体的溶解度也较大。但当打开瓶盖时，液面气压骤然减小，二氧化碳的溶解度随之减小，于是便从汽水中逸出。

当压强一定时，气体的溶解度随着温度的升高而减少。这一点对气体来说没有例外，因为当温度升高时，气体分子运动速率加快，容易逸出水面。

夏天气温高、气压低的时候，水中溶解的氧气就会减少，鱼在水下得不到充足的氧，所以容易出现"鱼浮头"现象。

空气中的氧气溶解在水中称为溶解氧，是水生生物氧气的主要来源。正常情况下地表水中溶解氧量为5～10毫克/升，我们可用一定的设备进行检测。

图 8-15　便携式溶解氧检测仪

 思考 ?

　　汽水中溶有较多的二氧化碳，称为碳酸饮料。喝了汽水后，常常会打嗝，请解释其中的原因。

高压氧治疗

　　厌氧菌是一类在无氧条件下比在有氧环境中生长好的细菌（图8-16）。某病人由于厌氧菌感染引起脑脓肿，情况危急。医生给出的治疗方案之一是让病人进行高压氧治疗（图8-17）。为什么高压氧能治疗厌氧菌引起的疾病？怎样来增加人体内氧气的含量呢？

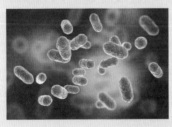 

图8-16　厌氧菌　　　　图8-17　病人在高压氧舱内接受治疗

　　高压氧舱内的压强一般为2个大气压，这样血液中的氧含量明显增加。实验证明，每增加1个大气压，血液中溶解氧量较常压下增加14～17倍。血液中氧气含量增加了，厌氧菌就难以生存。其他的一些疾病，如缺血缺氧性脑病、突发性耳聋等，也可以用高压氧舱进行治疗。

潜水病　很早以前，南太平洋一个群岛上专门潜水采集珍珠的人，经常会生一种怪病。这种病的患者会感到头晕、恶心、烦躁、神经麻痹，严重的甚至会死亡。医生发现，这些患者在采珍珠时要潜到距离海面 35 米的深处，有时下潜深度甚至达到 50 米。他们认为这种怪病肯定跟潜水有关，所以称这种病为潜水病。潜水病到底是怎样引起的呢？

在深水中，潜水员受到的海水压强非常大，水深每增加 10 米，人体受到的压强就要增大 1 个大气压。在这种情况下，空气中的氮气就会大量溶解到血液和组织液中。潜水员完成工作返回上升时，如果上浮速度太快，海水压强一下子减小了，溶解在血液和组织液中的氮气会快速逸出，因无法及时排出体外，会在肌肉、血液、关节等处形成许多微小的气泡，从而引起关节疼痛、头疼、神经障碍、组织坏死等。当气泡越来越多，血液系统中就会出现大量小气泡融合成的大气泡，形成气体堵塞血管。一旦脑血管被堵塞，患者就有瘫痪甚至死亡的危险。

图 8-18　深海潜水

为避免潜水病的发生，在潜水员从水中上升时，速度必须相当缓慢，以便血液和组织液中的氮气能扩散出来，最终排出体外。或者进入减压舱（图 8-19）慢慢减压，使体内不产生大量气泡，让气体慢慢排出体外。

科学家们发现氦气极难溶解在水中，100 体积的水在 0℃时，大约只能溶解 1 体积的氦气，人体的血液 90% 是水，所以氦

图 8-19　潜水减压舱

气在血液中的溶解度也非常小。人们把氧气和氦气按照一定比例混合，就制成了人造空气，潜水员呼吸这种人造空气，即使下潜到离水面 100 米以下的水底，也不会再患潜水病。因此，深海潜水的潜水员身上背的氧气筒里装的是氦气和氧气的混合气体。

结　晶

从溶液中析出晶体的过程称为结晶，它是溶解的逆过程。结晶的方法一般有两种：一种是蒸发溶剂法，它适用于温度对溶解度影响不大的物质。例如死海中水的盐分很高，随着水分的蒸发，死海边就形成了许许多多的盐结晶（图 8-20），沿海

图 8-20　死海边的盐结晶

地区"晒盐"也是利用这种方法。另一种是冷却热饱和溶液法，此法适用于溶解度受温度变化较大的物质。例如，我国北方地区的盐湖，夏天温度高，湖面上无晶体出现，每到冬季，气温降低，纯碱、芒硝等物质就从盐湖里析出来。

一些人患有痛风，这是一种长期而且非常顽固的多发病，难以治愈容易复发。痛风的形成与结晶有关。痛风病人体内具有某种代谢缺陷，导致过量的尿酸出现在血液中。尿酸在组织液中的溶解度很低，于是在关节腔、结缔组织和肾脏等组织处结晶、沉积，以致引起痛风的急性发作。痛风发作时，病人会有头痛、发热、口干口苦等症状，并且关节疼痛，难以下地行走。长期的痛风还会导致关节畸形，例如痛风足（图 8-22）。

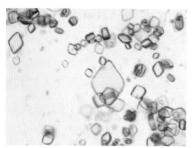

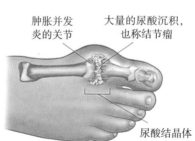

肿胀并发炎的关节　　大量的尿酸沉积，也称结节瘤

尿酸结晶体

图 8-21　尿酸结晶　　　　　　图 8-22　痛风足

地壳下面的岩浆熔体是一种成分极其复杂的高温硅酸盐熔融体（其状态像炼钢炉中的钢水），它们在地壳中不断上升，温度也逐渐降低，当温度低于某种矿物的熔点时就开始结晶形成晶体。岩浆中所有的组分，随着温度下降不断结晶，熔点较高的

图 8-23　红宝石

物质率先结晶。通过结晶形成的自然金、自然银、自然铜，其价值远远高出通过冶炼获得的金、银、铜。发育良好的矿物结晶体均价值连城（图 8-23）。

许多物质从水溶液里析出晶体时，晶体里常含有一定数目的水分子，这样的水分子叫作结晶水，含有结晶水的物质叫作结晶水合物（图 8-24）。结晶水合物是含一定量水分子的固体化合物，里面的水是以确定的量存在的，五水硫酸铜的化学式是：$CuSO_4 \cdot 5H_2O$。

图 8-24　五水硫酸铜结晶水合物

现在市场上有一种天气预报瓶（图8-25），据说能预报天气。天气预报瓶内装有硝酸钾、氯化铵、天然樟脑、无水酒精以及蒸馏水等物质形成的

图8-25　天气预报瓶

溶液。它"能预报天气状况"与"能大致反映实时的气温变化"这两种说法哪种更合理？请简述天气预报瓶的基本原理。

溶解与结晶的平衡状态

在一杯饱和的蔗糖溶液中，加入一块方糖，请问：这块方糖的质量和形状是否会发生变化？根据饱和溶液的定义可知，由于溶液已经饱和，不能继续溶解溶质，因此方糖的质量不会发生变化，但我们发现，方糖的形状会发生变化。如何解释这一现象呢？

饱和溶液与晶体共处的时候，是很不平静的。不仅溶液内部的分子、离子在不停地运动着，而且在晶体与饱和溶液之间，也

在不断进行着"各种运动"：晶体上的微粒不断地进入溶液中，溶液中的溶质微粒也不断地返回到晶体上来。这时，溶解的速率与结晶的速率相等。科学上把这种情况叫作溶解与结晶的

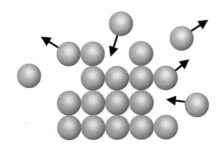

图 8-26　当溶解速率与结晶速率相等时，达到溶解平衡状态

平衡状态（图 8-26）。这种平衡是一种动态平衡。需要注意的是，从溶液中返回晶体的微粒不一定能回到原来的位置。因此，晶体的量虽无增减，但形状会发生变化。

　　只要条件改变，如溶液的溶剂有所增减，或温度有所升降，那么溶解速率和结晶速率就会出现不等的情况，平衡就会被打破。这样，就要在新的条件下建立起新的平衡。

过饱和溶液

　　在某醋酸钠溶液中加入一些醋酸钠晶体，10 余秒钟内，以加入的晶体为中心，溶液中的醋酸钠不断析出，晶体不断长大，最后，烧瓶内的溶液好像被冻住了，犹如一块冰（图 8-27）。整个

过程犹如变魔术一样，令人震惊。这到底是怎么回事情呢？让我们先从过饱和溶液说起。

加入晶核

图 8-27　过饱和醋酸钠晶体析出过程

　　原来，在冷却热饱和溶液时，溶液中的溶质会析出并形成晶体。这个过程可分为晶核生成和晶体生长两个阶段。晶核是晶体的生长中心，析出来的溶质围绕晶核形成晶体。如果没有晶核，就无法形成晶体。在冷却饱和溶液的过程中，有些溶液会自发地生成晶核，有些溶液在外来物（如大气中的微尘）的诱导下生成晶核。

　　由于有些溶质不易在溶液中形成晶核，或者需要经过相当长的时间才能自行产生晶核，因此，即使溶液已经达到饱和状态也无法析出晶体，这样就成为过饱和溶液。过饱和溶液看起来好像比较稳定，但实质上处于不平衡的状态，不太稳定。若受到振动或者加入溶质的晶体，则溶液里过量的溶质就会析出而成为饱和溶液。在过饱和醋酸钠溶液中，加入晶核后，溶液中的醋酸钠就会在短时间内析出形成晶体。

　　味精是以粮食为原料经发酵提纯的谷氨酸钠晶体。其生产的基本过程是：用淀粉等制成的谷氨酸与氢氧化钠（或碳酸钠）中和，生成谷氨酸钠溶液。该溶液经过脱色、除杂处理后，进行蒸发浓缩，使溶液达到过饱和状态。然后加入一定数量的晶核（晶种），谷氨酸钠晶体就会长大起来。再经过分离、干燥就是成品味精（图 8-28）。

图 8-28　味精晶体

胶体溶液

在甲、乙两只烧杯中分别装入溶有氢氧化铁的液体和硫酸铜溶液。用激光笔照射玻璃杯，我们发现甲烧杯中出现了一条光亮的"通路"，而乙烧杯中没有（图 8-29）。为什么会出现这样的现象呢？这需要从胶体溶液谈起。

甲　　　　　　　　　　　乙

图 8-29　用激光笔分别照射两种不同的液体

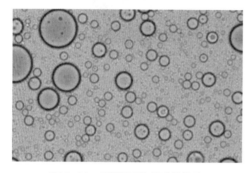

图 8-30　显微镜下牛奶中的脂肪

在溶液中，分散在液体中的溶质微粒的直径一般不超过 1 纳米。当分散在液体中的微粒的直径在 1～100 纳米时，这样的液体我们称为胶体溶液（简称胶体）。

胶体溶液在生活中随处可见，牛奶就是一种典型的胶体溶液，里面有多种大小不一的微粒。肥皂水、墨水、果汁、咖啡、天上的云、蛋白质溶液等，有些是单纯的胶体溶液，有些是胶体溶液和普通溶液的混合液。胶体溶液对于生命科学显得尤为重要，因为生物的组织、细胞实际上都是胶体，其他如乳汁、血液、淋巴液等也属于胶体。

用肉眼来判断胶体和溶液有时是困难的，因为有的胶体和溶液非常相似。但胶体的性质与溶液有很多不同之处，其中一个明显的区别是当光束分别照射溶液和胶体时会发生不同的现象。当一束平行光通过胶体溶液时，从垂直于光束的方向，可以观察到有一条光亮的"通路"，该现象称为"丁达尔效应"。1869年，英国物理学家约翰·丁达尔首次发现这一效应。丁达尔效应是由于胶体中的分散质微粒对可见光的散射形成的，它为区分溶液与胶体提供了一种最简单的方法。

天空中有时会出现万丈霞光，非常壮观美丽，并带有一丝神秘。这其实就是气体中出现的丁达尔效应。当阳光穿透丛林或云层，若此时分散在空气中的微小的尘埃或液滴的直径达到了胶体的要求，云、雾、烟尘就成为一种"胶体"。空气是这些"胶体"的分散剂，微小的尘埃或液滴则是分散质。在这些充满巧合的自然条件下，"丁达尔效应"便形成了。

图 8-31　天空中出现的丁达尔效应

第9章

一些常见的有机化合物

世界是由万物组成的。过去，人们认为组成生物的物质与组成非生物的物质是不同的，并把它们分别称为无机化合物和有机化合物，简称为无机物和有机物。什么是有机物？有机物和人类有什么关系吗？

图 9-1　液化石油气燃烧

最简单的有机物——甲烷

19世纪20年代，德国化学家弗里德里希·维勒等人先后用无机物人工合成许多有机物，如尿素（图9-2）、醋酸等，打破了有机物只能从有机体中取得的观念。但是，由于历史和习惯的原因，人们仍然沿用有机物这个名称。

图9-2　纪念维勒首次人工合成尿素而发行的邮票

有机物与无机物之间并没有一个明确的界限，但它们的组成和性质等方面确实存在着不同之处。从组成上讲，所有的有机物中都含有碳，多数含有氢，其次还含有氧、氮、卤素、硫、磷等，因此，化学家们开始将有机物定义为含碳的化合物（碳的氧化物、碳酸、碳酸盐等除外）。

甲烷是最简单的有机物。经测定，甲烷是由1个碳原子和4个氢原子组成的正四面体结构分子（图9-3），化学式是CH_4。1

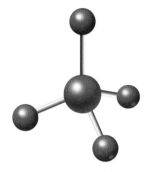

图 9-3　甲烷模型

个碳原子分别与 4 个氢原子形成 4 个键，在空间上，4 个键的键长相同，键角也相同，均为 109° 28'，4 个氢原子恰好处于以碳原子为中心的正四面体的 4 个顶点。

甲烷通常大量存在于油田、煤矿、沼泽地等，沼气、天然气、瓦斯的主要成分是甲烷。在日常生活中，甲烷离我们不远，化粪池、窨井等场所会产生甲烷，夏天臭水沟中常泛起的气泡中主要成分是甲烷，反刍类食草动物也会产生甲烷。

2014 年 2 月 23 日下午，广东两名男童在某小区玩耍时，将点燃的鞭炮塞入化粪池中，引发池中沼气爆炸，一名 12 岁的男童坠入池中当场身亡。2015 年 11 月 13 日中午，湖北某地化粪池爆炸，造成 14 人受伤。这是因为化粪池能产生沼气，其中含甲烷可达 60%～70%，此外还含有二氧化碳、硫化氢（有臭味）、氮气和一氧化碳等。当化粪池中的沼气长期积累，沼气比例占到化粪池空气的 7%～26% 时，遇到火苗就会发生爆炸。因此，绝对不能在已经产气的沼气池、化粪池旁燃放烟花爆竹、抽烟、使用明火。但我们可以将沼气收集起来进行有效利用。将沼气用于燃料电池发电，是有效利用沼气资源的一条重要途径。沼气还可作内燃机的燃料以及生产甲醇、福尔马林、四氯化碳等化工原料。经沼气装置发酵后排出的料液和沉渣，可用作肥料和饲料。

图 9-4　沼气的综合利用

　　甲烷是优质清洁燃料，通常情况下性质比较稳定。但是在特定条件下，甲烷也会发生某些反应，比如，在光照条件下跟氯气反应制备常用的有机溶剂氯仿或四氯化碳；在高温下使甲烷分解，可以获得优质炭粉，用于制作黑色墨水。

　　甲烷不仅是一种很好的燃料，还是一种重要的化工原料，广泛应用于工业中。

甲烷与温室效应

　　温室效应是大气保温效应的俗称。大气能使太阳短波辐射到达地面，但地表受热后向外放出的大量长波热辐射线却被大气中的二氧化碳等物质吸收（图 9-5），这样就使地表与低层大气的作用类似于栽培农作物的温室，故名温室效应。

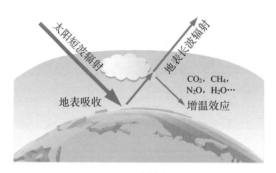

图 9-5　温室效应原理

地球大气中能够吸收大量红外线辐射能的气体被称为温室气体。二氧化碳虽然只约占大气总量的 0.04%，但它却是温室气体的主体。大气中的许多其他气体也会产生温室效应，如水蒸气、甲烷、臭氧、各种氟氯烃等，其中有的气体（如甲烷、水蒸气）的单位含量的温室效应比二氧化碳还强。

欧洲航天局近期结合其环境观测卫星及日本温室气体观测卫星所收集的数据发现，尽管全球在努力降低温室气体的排放量，但大气中的甲烷和二氧化碳浓度仍在持续上升。甲烷作为温室气体的效力是二氧化碳的 23～25 倍，是大气中继水蒸气、二氧化碳之后最为重要的温室气体。因而，将甲烷作为温室气体减排的"突破口"很重要。

化石燃料的滥采滥用和牛、羊等反刍动物消化后产生的甲烷是大气中甲烷的主要来源。因此，人们在改善能源结构，积极开发绿色能源的同时，也对反刍动物展开了研究。

爱尔兰农业和食品发展部估计奶牛和其他的一些反刍动物向空气排放的甲烷气体大概要占到全球温室气体排放量的 1/5。爱尔兰农业和食品发展部的研究人员在奶牛身上绑上甲烷测定装置（图 9-6），可以记录奶牛放出的每一个屁，从而得出一系列更准确的数据。人们希望通过监测牛屁确定甲烷排放量，能够开发出一种在不削减产奶量的基础上降低温室气体排放量的方法。

图 9-6　奶牛身上绑甲烷测定装置

图 9-7　奶牛背"采屁包"

阿根廷科学家研制出一种"采屁包"（图 9-7），从背包一端延伸的管子插入奶牛的消化腔，收集它们排放的气体，一天可以从奶牛体内提取 300 升甲烷。阿根廷国家农业学院研究员吉列尔莫·贝拉在卡斯特拉尔牧场的奶牛背上放置一个全塑储罐，用于收集奶牛每天排放的甲烷气体，每头奶牛相当于一个微型"能源站"。

可燃冰：未来能源之星

20世纪80年代初，美国一支钻井队在大西洋进行深海钻探时，从海底取到一些岩石和冰晶，奇怪的是它们非常容易被点燃，因此被称为"可燃冰"。可燃冰究竟是什么物质？

可燃冰的化学名称是天然气水合物，它是水和天然气在一定条件下形成的结晶化合物，其外观像冰，无色透明，遇火可以燃烧（图9-8）。可燃冰的分子结构如图9-9所示。

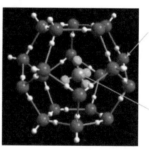

水分子

甲烷分子

图9-8 可燃冰燃烧　　　图9-9 可燃冰的分子结构

可燃冰将是人类未来解决能源危机最有希望的替代品，具备良好的开发前景。从新能源的角度看，其具有常规能源所不具有的两大优点：

第一，储量丰富，分布广且埋藏浅。目前世界上大概有100多个国家已经发现了可燃冰的样本，基本上覆盖了全球90%的海洋与30%的陆地，与传统油气资源相比，分布更为均衡，可以打破目前油气资源被少数国家垄断的局面，有利于提高能源安全。在世界各地的海洋及大陆地层中，已探明的可燃冰储量已相当于全球传统化石能源（煤、石油、天然气、油页岩等）储量的两倍以上，是迄今最具有开采价值的海底矿产资源之一。

第二，洁净高效、能量密度高，可燃冰的成分与天然气相似，但更为纯净，在标准状态下，1 米^3 的可燃冰分解可产生 164 米^3 左右的甲烷气体，燃烧后的能量密度是常规天然气的 2～5 倍，是焦煤的 10 倍。使用方便，燃烧值高，能量巨大，而且其燃烧后基本上没有污染物质残留，避免了最让人们头疼的污染问题。

但目前开采可燃冰还处于研究阶段，对于可燃冰的开发，科学家们还是持谨慎态度。因为可燃冰的开采过程很容易改变其赖以存在的低温高压条件，导致其分解。如果在开发中不能有效控制温压条件和后续气体采集，就会造成甲烷气体逸散，加剧温室效应等严重问题；还有可能打破地层原有的平衡状态，引发海底滑坡、地震等事件，甚至还会导致海水汽化和海啸等灾害。

人工煤气、液化石油气和天然气

　　我国生活燃气大致经历了人工煤气、液化石油气、天然气三个发展阶段。你知道你家里用的燃气是哪一种吗？它们有什么区别？为什么很多城市要推广使用天然气？

　　如果你家里用的燃气是用钢瓶装的，那一定是液化石油气；如果你家里用的燃气是从管道里来的，就一定是人工煤气或天然气。

　　人工煤气是最早投入使用的一种燃气，它是由煤、焦炭等固体燃料或重油等液体燃料经干馏、汽化或裂解等过程所制得的。人工煤气按照生产方法，一般可分为固体燃料干馏煤气、固体燃料气化煤气和高炉煤气等，主要成分为烷烃（如甲烷）、烯烃、芳烃、一氧化碳和氢气等可燃气体，并含有少量的二氧化碳和氮等不可燃气体。

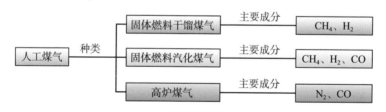

图 9-10　人工煤气的种类和主要成分

　　人工煤气在油气资源短缺的年代发挥了重要的作用，但人工煤气的制取要消耗大量的煤炭，会对环境造成严重的污染，在运输过程中会腐蚀管道，并且热值（即完全燃烧单位体积燃气所释放的热量）较低、毒性很大。因此，人工煤气逐步被天然气或液化石油气等清洁能源所取代。

液化石油气是由原油炼制或天然气处理过程中所析出的丙烷、丁烷、丙烯等混合而成，在常温常压下为气体，经加压或冷却即可液化，通常是加压装入钢瓶中供用户使用。与其他燃料比较，液化石油气具有污染小、热值高、易于运输、压力稳定、储存简单、供应灵活等优点，因此被广泛用作工业、商业和民用燃料。

液化石油气无色、无味、无毒、易燃、易爆，气态石油气的密度是空气的 1.5 倍，当它与空气混合，并且占有 1.7%～9.7% 的比例时，遇明火即会发生爆炸。所以使用时一定要防止泄漏，不可麻痹大意，以免造成危害。基于安全上的考虑，供应家庭使用的燃气皆添加有强烈臭味剂（含硫的化合物），一有漏气即可察觉。

天然气是存在于地下岩石储集层中以烃（有机物的一种）为主体的混合气体的统称，具有无色、无味、无毒之特性，主要成分为甲烷，另有少量乙烷、丙烷和丁烷等。天然气是较为安全的燃气之一，它不含一氧化碳，比空气轻，一旦泄漏，立即会向上扩散，不易积聚形成爆炸性气体，安全性较高。天然气在常压下，冷却至约零下 162℃时，会由气态变成液态，称为液化天然气。天然气在液化过程中进一步得到净化，甲烷纯度更高，几乎不含二氧化碳和硫化物，且无色无味、无毒。天然气在我国已被普遍使用，其消费量逐年上升（图 9-11）。

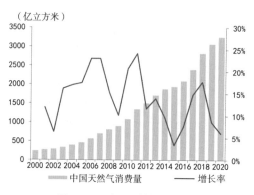

图 9-11　中国天然气消费量

　　从开采、生产、使用安全性、清洁、环保和价格等方面看，天然气都要优于液化石油气和人工煤气，近年来，因为"西气东输""川气东输"等工程，东南沿海居民也用上了天然气。

　　人工煤气的热值为 16～24 兆焦／米^3，天然气的热值为 33.6～35.7 兆焦／米^3，液化石油气的热值为 92.1～121.4 兆焦／米^3。根据三种燃气的热值和各成分燃烧的化学方程式（可查阅相关材料）（同温同压下，气体体积与其分子数成正比），想一想，如果某燃气灶原来使用液化石油气或人工煤气，现要改用天然气，改造时，应该如何调节燃气的流量和空气进入量？为什么？

常见简单含氧有机物——乙醇和乙酸

乙醇分子式是 C_2H_5OH。在常温、常压下乙醇是一种易燃、易挥发的无色透明液体，具有特殊的醇香味，并略带刺激。因为乙醇（图 9-12）与水的分子结构中都有相同基团：—OH，因此，乙醇和水具有相似性，两者可以混溶。

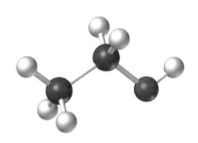

图 9-12　乙醇结构模型

乙醇俗称酒精，不同浓度的酒精可以有不同的用途。医用酒精中，95% 的酒精常用于擦拭紫外线灯，75% 的酒精用于消毒（图 9-13），40%～50% 的酒精可预防褥疮，25%～50% 的酒精可用于物理退热。

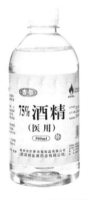

图 9-13　医用酒精

酒精有很强的吸水力，能使蛋白质脱水、变性、沉淀，而菌体蛋白质是细菌的主要组成成分，一旦被破坏，细菌就会失去活力。70%～75% 的酒精使菌体蛋白质脱水、变性、沉淀的过程比较缓慢进行，因而渗透性很强，酒精能不断地渗入菌体内部，作用于菌体内所有的蛋白质，最后杀死细菌，所以杀菌作用比较彻底。酒精浓度过高，碰到微生物细胞后，会使其表面干燥，形成一层保护膜，反而导致酒精不能渗透到细胞内，从而影响杀菌作用。酒精浓度过低，虽可进入细菌体内，但不能将其体内的蛋白质凝固，难以达到消毒目的。

生物乙醇燃料，一般是指体积浓度达到 99.5% 以上的无水乙醇，以小麦、玉米、薯类、高粱、甜菜等植物为原料通过生物发酵等途径获得。燃料乙醇与汽油按一定比例混合可制车用乙醇汽油，作为车用燃料，可以改善油品的性能和质量，降低一氧化碳、碳氢化合物等主要污染物排放。乙醇汽油也被称为 E 型汽油，是一种新型清洁的生物燃料，是目前世界上可再生能源的发展重点。我国使用的乙醇汽油是用 90% 的普通汽油与 10% 的燃料乙醇调和而成。我国于 2000 年开始发展燃料乙醇产业，目前整体技术水平居世界前列，是继美国和巴西之后全球第三大燃料乙醇生产国和消费国。

乙醇是常见的食品加工添加剂，也是酒精饮料和饮用酒的主要成分。饮用酒是含淀粉的粮食（如高粱、糯米、玉米、大米、小麦等）或者水果通过复杂的工艺流程，在微生物的发酵作用下产生。工业酒精常含甲醇，乙醇和甲醇在外观和性质上很相似，但甲醇是有毒物质，少量甲醇便会导致人头痛、失明，直至死亡。

啤酒或葡萄酒等低浓度酒，敞口放置在空气中时间久了，酒面上就会长出一层薄膜，酒也随之变酸，有时还会变得和食醋差不多，这是为什么呢？法国微生物学家、化学家路易·巴斯德研究发现，酒质变酸是发酵液体中的细菌在捣鬼。如果从酒面上取一点薄膜，透过显微镜去观察，发现这层膜有许许多多形似杆状的醋酸杆菌（或乳酸杆菌等）。人们日常生活中使用的各种食醋，就是酒经过醋酸菌的发酵得来的。

乙酸俗称醋酸、冰醋酸，分子结构如图 9-14 所示，分子式是 CH₃COOH。乙酸是无色透明液体，凝固点为 16.7℃，有刺激性气味，是食醋内酸味及刺激性气味的来源。高浓度

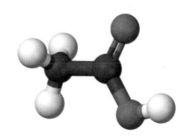

图 9-14 乙酸的结构模型

的乙酸有腐蚀性，普通食醋中含有 3%～5% 的乙酸。

乙酸在水溶液中是一元弱酸，具有酸的通性，能与碱发生中和反应，能使紫色石蕊试液变红色，能与较活泼的金属反应产生氢气，能与某些弱酸盐反应。

在骨头汤煮沸过程中适当加一些食用醋酸，可使骨头中的无机钙盐变成醋酸钙溶解出来，从而提高骨头汤中钙离子的含量，使骨头汤的营养价值更高，且便于被人体吸收。如在熬骨头汤时加适量的酒和醋则会更香，原因是酒精与乙酸发生化学反应产生了具有水果香味的乙酸乙酯。

有机高分子材料——橡胶

高分子化合物（图 9-15）是由一种或几种结构单元多次重复

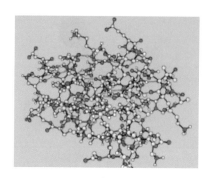

图 9-15　高分子化合物

连接起来的化合物。主要由碳、氢、氧、氮等元素组成，相对分子质量一般在 10000 以上，甚至可高达几百万，因此称为高分子化合物。高分子化合物按来源分类，可分为天然高分子和合成高分子两大类；按材料的性能分，可分为塑料、橡胶和纤维三大类。我们熟悉的淀粉、纤维素、蛋白质、天然橡胶等就属于天然有机高分子化合物，各种塑料、合成橡胶、合成纤维、涂料与黏接剂等属于有机合成高分子材料。

　　早在 2000 年前，生活在赤道附近的人们就已经学会在热带雨林生长的树木中提取汁液或者乳状物来制成物品。他们将橡胶树的表面割开，将树皮内的乳管割断，胶乳就从树上流出（9-16）。从橡胶树上采集的乳胶，经过稀释后加酸凝固、洗涤，然后压片、干燥、打包，即制得市售的天然橡胶。天然橡胶是应用最广的橡胶，主要应用于轮胎、胶鞋、电线电缆等橡胶制品。

　　到了 20 世纪初，天然橡胶已经远远不能满足当时轮胎以及电气工业对橡胶急

图 9-16　采集胶乳

剧增长的需求，而且天然橡胶在被用作轮胎时性能不理想，于是科学家们着力于研制各种合成橡胶。

100多年前，德国化学家霍夫曼合成了甲基橡胶，为合成橡胶打开了一扇门，标志着合成橡胶的诞生，开启了合成橡胶的历史。1910年，橡胶生产巨头大陆公司开始采用这种新型甲基橡胶

Charles Goodyear.

图 9-17　查尔斯·固特异

制造轮胎。但是，霍夫曼开发出来的合成橡胶因为成本高昂而且在空气中会快速分解，于1913年就停止了生产。1839年，美国人查尔斯·固特异开发的橡胶硫化技术让橡胶成为一种稳定而且不黏合的材料。世界最大的轮胎生产公司——美国的"固特异轮胎橡胶公司"就是为了纪念发明橡胶硫化技术的查尔斯·固特异而取名的。

合成橡胶一般在性能上不如天然橡胶全面，但它具有高弹性、绝缘性、气密性、耐油、耐高温或低温等性能，因而广泛应用于工业、农业、国防、交通及日常生活中。今天，以合成橡胶为原料创造出的产品分布在人类生活的每个角落，世界因它们而变得更加丰富多彩。现今世界上65%的橡胶应用于汽车工业——制造轮胎、安全气囊、密封管等，其中最主要的就是轮胎。口香糖也是橡胶的一项妙用，口香糖中应用的丁基橡胶是合成橡胶中的

领先产品，橡胶在口香糖中的应用仅次于轮胎和医疗用品工业。五颜六色的拖鞋，花样翻新的运动鞋，性能优越的登山鞋等户外鞋，也都是合成橡胶的杰作。

图 9-18　轮胎

链接

新型有机高分子材料：导电塑料

　　1967 年，日本化学家白川英树实验室偶然合成出了银白色带金属光泽的聚乙炔，这种聚合物经溴或碘掺杂之后导电性会提高到金属水平。日本科学家白川英树、美国化学家艾伦·黑格和艾伦·麦克迪尔米德因"发现和发展导电聚合物"获得了 2000 年的诺贝尔化学奖。如今聚乙炔已用于制造太阳能电池、半导体材料和电活性聚合物等。导

链接

电塑料成为有机材料里的新星。

聚乙炔导电材料的研制成功打破了"有机材料是绝缘体"的传统观念。之后,又相继诞生了聚苯胺、聚吡咯、聚噻吩等高分子导电物质。

导电塑料不仅在抗静电添加剂、计算机抗电磁屏幕和智能窗等方面快速发展,而且在发光二极管、太阳能电池、移动电话、微型电视屏幕乃至生命科学研究等领域都有广泛的应用前景。

第 10 章

物质的分离与提纯

　　洗衣被后，我们通常要拧衣被，其目的就是将更多的水从衣被中分离出去，使衣被更快晾干。在生活和生产中，人们常常需要对掺杂在一起的不同物质进行分离，去除掺杂在某种物质中的杂质。这就是物质的分离和提纯。物质的分离和提纯具体有哪些方法呢？

图 10-1　拧毛巾

磁选法

磁选法是利用磁性对矿物进行分离的一种方法。当铁磁性矿物与非铁磁性矿物的混合物进入磁选机后，磁选机中的磁铁会吸引混合物颗粒中的铁磁性矿粒，而非铁磁性矿物的颗粒则

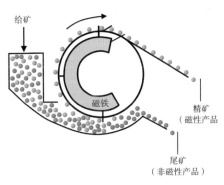

图 10-2　磁性选矿

留在下方。这使磁性颗粒与非磁性颗粒被分开，同时产生磁性精矿和非磁性尾矿，并分别经各自的排矿口排走。

磁选法在生命科学中也有用武之地。干细胞在一定条件下可分化为多种功能细胞，对干细胞的研究已成为生命科学的一个热点。我们在研究骨髓造血干细胞的功能时，首先要获取大量纯的造血干细胞。而骨髓细胞的组成种类多、成分复杂，为了从骨髓细胞中获取纯度较高且数量可观的干细胞，我们必须对骨髓细胞进行一定处理——向其中加入一定数量的免疫磁珠。这些磁珠具有磁性，能与干细胞相结合。在外加磁场中，与磁珠相结合的干细胞被吸附而滞留在磁场中，其他没有与磁珠结合的细胞因为没有磁性，不在磁场中停留，从而使干细胞得以分离（图 10-3）。

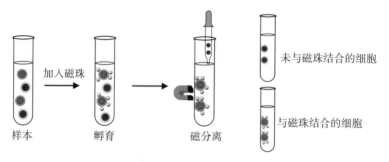

加入磁珠

磁分离

样本　　　　孵育　　　　磁分离

未与磁珠结合的细胞

与磁珠结合的细胞

图 10-3　免疫磁珠法分离细胞

压榨与过滤

很多人喜欢喝鲜榨果汁。榨汁是利用压榨的方式把水果和蔬菜中的汁液挤压出来，以达到固液分离的目的。在利用菜籽榨油时，需要把菜籽中的油压榨出来；在制作豆腐干时，需要把豆腐中多余的水分榨干。

过滤是最常见的固液分离法之一。茶叶放在茶叶过滤器里，只让茶水流出，不让茶叶

图 10-4　压榨果汁

出来，就是一种过滤（图 10-5）。渔网捕鱼也是一种过滤，小鱼和水被"滤"出去，只把大鱼留下。

我们可以通过调节过滤器孔径的大小决定哪些被截留，哪些能滤过。滤纸是我们常用的孔径较小的过滤网。在制作滴滤咖啡时就用到了滤纸（图 10-6）。

图 10-5　茶叶过滤器　　　　　图 10-6　制作滴滤咖啡

制作滴滤咖啡时，利用地球引力使咖啡下滴，这样过滤的速度可能较慢。在一些过滤过程中，我们会利用抽气泵使抽滤瓶中的压强降低，增大滤纸两侧的压强差，从而达到加快过滤速度的目的，这就是抽滤（图 10-7）。

固体和气体的混合物也可用过滤来分离。空调中也有过滤网，用来过滤空气中

图 10-7　抽滤

的灰尘。在汽车的发动机中有空气过滤器（图10-8），防止有害微粒进入气缸。

图 10-8　空气过滤器

过滤后的气体、液体，虽然用肉眼看已经比较干净，但里面还有很多体积较小的细菌、病毒等物质是无法过滤掉的。

膜分离

膜分离技术，是利用一张特殊制造的、有选择透过性的薄膜，在外力推动下对混合物进行分离、提纯、浓缩的一种新型分离技术。它与传统的过滤法的不同地方在于，膜可以在分子范围内进行分离。膜的孔径一般为微米级，依据孔径的不同，可将膜分为微滤膜、超滤膜、纳滤膜和反渗透膜（图10-9）。

现在有些家庭安装了家用直饮净水机，出来的水能够直接饮用。这是因为净水器装有一种过滤器，这种过滤器是孔径为0.001～0.1微米的超滤膜（图10-10）。当原液流经膜表面时，膜表面密布的许多细小微孔只允许水及小分子物质通过成为透过液，

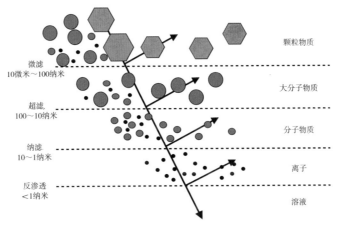

图 10-9　各种膜分离方法

图 10-10　家用直饮净水机及内部的超滤膜

而细菌、铁锈、胶体、泥沙、悬浮物、大分子有机物等有害物质
则被截留在膜管内。这样就实现了对原液进行净化的目的。我
们把这一过程称为超滤，其中的膜称为超滤膜。请注意，膜
不一定是像滤纸那样是平面的，超滤膜是中空的纤维管，上面
有许许多多小孔。超滤也是矿泉水、山泉水生产的核心步骤。

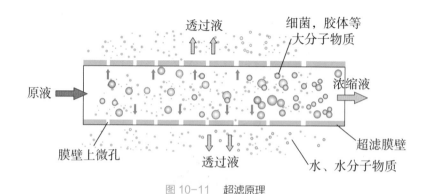

图 10-11 超滤原理

超滤膜使用一段时间后，被截留下来的细菌、铁锈、胶体、悬浮物、大分子有机物等有害物质会依附在超滤膜的内表面，使超滤膜的产水量逐渐下降，尤其是自来水质污染严重时，更易引起超滤膜的堵塞，定期对超滤膜进行冲洗可有效恢复膜的产水量。

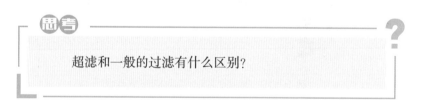

超滤和一般的过滤有什么区别？

空气中含有大量的氮气，我们可以通过多种方法从空气中获取氮气。中空纤维膜分离技术是在 20 世纪中期发展起来的一种高新制氮技术。

在压力作用下，各种气体在中空纤维膜中的吸附、扩散、渗透速率不同。按顺序排列，我们称渗透速率大的气体为"快气"，如氧气、水蒸气；称渗透速率小的为"慢气"，如氮气。压缩空气透过膜后,"快气"被富集在低压的外侧,作为"慢气"的氮气被富集到高压的内侧,从而实现了混合气体的分离,得到了氮气(图10-12)。

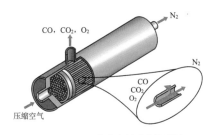

图 10-12　用膜分离技术制取氮气

血液透析

　　肾脏是人体的重要器官,它的基本功能是生成尿液,并清除体内的代谢产物及某些废物、毒物,同时经重吸收功能保留水分及其他有用物质。一些病人的肾脏发生了病变,无法把尿素等代谢废物排出体外,会严重危及生命。这时可通过血液透析来减轻疾病造成的危害。

　　血液透析(简称血透)是把患者的血液引出身体外并通过一种净化装置,除去其中某些致病的物质,净化血液,再输回患者体内,达到治疗疾病的目的(图10-13)。血液透析所使用的半透膜孔径平均为3纳米,所以只允许分

链接

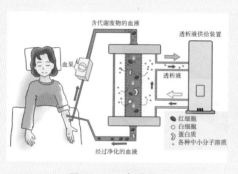

图 10-13　血透原理

子量为 1.5 万以下的小分子和部分中分子物质通过，而分子量大于 3.5 万的大分子物质不能通过。血液透析技术的应用和发展对急、慢性肾衰患者的生存率以及生活质量有明显提高。

蒸发结晶

通过蒸发结晶进行固液分离，最常见的例子就是晒盐。天气炎热的国家，便于用海水晒盐。随着水的蒸发，溶液变饱和，然后盐便结晶出来，此时的盐是粗盐（图 10-14），

图 10-14　海水蒸发得到的粗盐

通过精制就可得到食盐。

　　我们要获得食盐还有两种方式：深井开采矿盐、水溶解开采。深井开采的盐一般为岩盐，开采方式与其他矿产的开采相似（图10-15）。水溶解开采的矿井一般建在盐层或盐丘（因地质构造作用而形成的盐堆）之上。采矿时，先往井中注水将盐溶解，再将盐溶液抽上来运到加工厂进行脱水处理。在加工厂，盐水首先要去除水中的矿物质，然后再被抽入真空锅（一种密封容器）煮沸蒸发以提取水中的盐分。提取出的盐还要进行干燥和精炼处理。再根据种类往盐里加入碘和防结块剂等。当一个地区的溶解开采结束后，地下的洞必须回填好，否则地面会坍塌，造成沉陷。

图 10-15　开采矿盐

　　在提取药物中的有效成分时也常常会用到蒸发结晶的方式进行固液分离。但有些药物在较高的温度下不稳定，容易分解。这时，可用抽真空的方法使蒸发器内压强降低，从而使溶剂的沸点降低，达到加快浓缩药物或除去挥发性溶剂的目的。

蒸　馏

　　蒸馏是利用混合液中各组分沸点不同，使低沸点组分先蒸发、再冷凝，以分离整个组分的操作过程，是蒸发和冷凝两种操作的联合。使用蒸馏法分离时，混合液体中各组分的沸点要相差30℃以上才可以，而要彻底分离沸点则要相差110℃以上。蒸馏器的大小、形状各异，但它们都由三个部分组成：蒸发器、冷却器、收集器。人类利用蒸馏已有几千年的历史了，各种白酒就是通过蒸馏的方法制得的。

图10-16　实验室蒸馏装置　　　　　图10-17　壶式蒸馏锅制酒

　　精油是从芳香植物的花、叶、茎、根或果实中提取出来的，对治疗一些疾病很有帮助。提取精油的方法有很多，蒸馏法是最早使用的方法。随着技术的进步，所用器具已有了明显的改进，但其原理基本相同：把芳香植物置于蒸馏容器内，再将高温的水蒸气通入其中（或把香料与水放在一起煮沸），此时植物

图 10-18　植物精油

体内包含芳香成分的精油就会扩散到水蒸气中，形成油与水的共沸物；然后将共沸物冷却，由于油不溶于水，与水分离而形成了我们所需要的精油。

石油的分馏

　　石油由多种成分混合组成，是一种具有特殊气味的、有色的可燃性油质液体，主要的成分为碳氢化合物。从油井开采出来的石油称为原油。原油是一种成分非常复杂的混合物，必须送达炼油厂进行分馏、加工提炼，才能获得种类繁多的石油产品。

　　所谓分馏，就是分层蒸馏。我们可以简单模拟

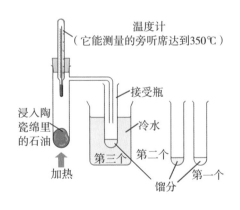

温度计
（它能测量的旁听席达到350℃）

接受瓶

浸入陶瓷绵里的石油

冷水

加热

第三个　第二个

馏分　第一个

图 10-19　石油分馏

石油分馏的过程。在图 10-19 所示的装置中，加入石油，缓慢加热。收集温度计示数小于 80℃时、最先流出的液体，作为第一个馏分；更换接收瓶，继续加热，收集温度计示数小于 150℃时流出来的液体，作为第二个馏分；更换接收瓶，同时加强热，继续收集液体。三个馏分的性质如表 10-1 所示。

表10-1　各馏分性质对比

馏　分	分子大小	颜　色	浓度（黏度）	燃烧情况
低沸点（80℃以下）	小	无色	稀	易点燃、明亮火焰
中等沸点（80～150℃）	中等	黄色	较浓	较难点燃、有焰火焰
高沸点（150℃以上）	大	深橘色	浓（黏稠）	难点燃（很不易燃）、浓黑烟火焰

当石油被加热时，小分子物质先沸腾，然后被冷却成为第一个馏分。这是因为小分子碳氢化合物沸点低，容易从石油中分离出来。随着继续加热，温度上升，较大分子的碳氢化合物也会被蒸馏出来。这样石油中的各组分就被分开了。

上述实验中，每一个馏分其实是一组具有相近沸点的碳氢化合物。

石油精炼厂炼制石油的过程当然比我们的实验要复杂得多，但基本原理是一样的：利用石油中各成分的沸点不同，可用分层蒸馏法将它们进行分离。石油加热成气体后，进入蒸馏塔。分子较大的碳氢化合物沸点高，在塔的较低层收集；分子较小的碳氢化合物沸点低，在塔的较高层收集。这样，在蒸馏塔的不同位置就能获得不同的油品。将一些较易挥发的石油产品加压液化后成为液化石油气，其主要成分是丁烷，它也是我国人民日常生活中常用的燃料。图 10-20 所示为石油分层蒸馏出来的一些产品及其主要用途。

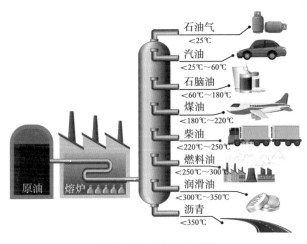

图 10-20　石油分层蒸馏

萃　取

人们喜欢喝人参酒，认为它能温通血脉，大补元气。人参泡酒是人参的营养物质离开人参溶解进入酒精的过程。这种物质分离的方法叫作萃取，也叫浸取，即用溶剂（酒精）分离了固体混合物（人参）中的组分（营养物质）。

图10-21　人参酒

用大豆制取大豆油除了前面所述的"压榨法"，还有一种"浸出法"法。做法是：用化学溶剂浸泡大豆，将大豆里的油萃取出来，然后蒸发溶剂就能获得油。浸出法制油就是一种萃取。

碘对动植物的生命是极其重要的，大部分土壤、岩石、水中的碘含量都很低，海鱼、海带、紫菜等动植物含碘量较高。因此，我们可以从海带、紫菜等动植物体内提取碘。在提取时，先通过一系列步骤处理海带，制成棕红色的碘的饱和水溶液。那么，怎样从碘水中提取碘单质呢？

碘难溶于水，碘水中碘含量是很低的。如果用蒸发溶剂的方式来提取碘，需要蒸发大量的水，消耗大量能源。而且碘易升华，如果直接把水蒸发掉，碘也会没有了。怎么办呢？告诉你一个秘密武器——四氯化碳。四氯化碳是一种不溶于水且密度比水大的液体，碘难溶于水而易溶于四氯化碳。把四氯化碳倒入碘水中，震荡、静置后，原来溶解在水中的碘就会转而溶解在四氯化碳中了。溶液分为两层，上层为无色液体，下层为四氯化碳的碘溶液，呈紫红色。打开分液漏斗的活塞就能得到下层含碘的四氯化碳溶液，之后蒸发可得到碘晶体（图10-22）。这种萃取是利用系统中组分在溶剂中有不同的溶解度来分离混合物。

萃取广泛应用于化学、冶金、食品和原子能等工业中。前

图 10-22　碘的萃取

面提到的精油也可用萃取的方式获得。2015 年诺贝尔生理学或医学奖获得者屠呦呦就是利用萃取原理，用乙醚从青蒿中萃取青蒿素，然后通过蒸发的方式把溶剂蒸发掉，获得了青蒿素晶体。

离心分离法

　　用洗衣机给衣服脱水，当脱水桶（图 10-23）高速旋转时，水就会被甩出来，正如湿雨伞旋转时，伞上的雨水会被甩出一样。这种分离物质的方法叫作离心分离法。
　　血液是由血浆、血细胞等混合在一起的悬浊液。医院常利用

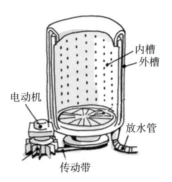

电动机

内槽
外槽

放水管

传动带

图 10-23　洗衣机脱水桶

血浆或血清（血浆中除去纤维蛋白）进行各项生化检查。如果通过抽血后静置的方法，让血细胞慢慢沉淀下去，达到分离血液获得血清的目的，这会很费时。为了加速分离，医生会把血液放入试管中，将试管放入离心机中高速旋转（图 10-24），这样密度较大的血细胞就会沉淀到试管底部，从而使血浆和血细胞分离（图 10-25）。另外，血液离心分离还广泛应用于输血中，如血浆输给大面积烧伤病人，红细胞输给贫血病人，白细胞和血小板输给其他有需要的病人，从而达到节约血源的目的。

图 10-24　血液进行离心分离

图 10-25　血液离心后分层

　　牛奶是人们日常生活中喜爱的食物之一，含有脂肪、磷脂、蛋白质、乳糖、无机盐等多种营养物质。但有一些人由于种种原因，不能过多摄入牛奶中的脂肪，乳品工业中也是利用离心法来制取脱脂牛奶。鲜牛奶是一种乳浊液，当它在离心机内旋转时，就会分离成含脂肪的奶油层和质地较密的脱脂乳层。把上层含脂肪的奶油层轻轻倒出，留下的就是脱脂牛奶了。

第11章

物态的变化

　　江河湖海中的水通过汽化会变成水蒸气，水蒸气上升到高空时遇冷后会变成小水滴或小冰晶形成云飘浮在空中；小水滴或小冰晶变成大水滴就会形成雨，小水滴也会变成小冰晶，小冰晶变大后会形成雪降落下来。人们对物质状态的变化并不陌生，那么，我们如何更深入地认识、更有效地利用它呢？

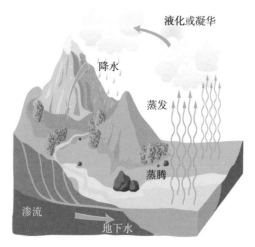

图 11-1　自然界中的水循环

滑冰为什么要穿冰刀鞋

你在电视中一定见过滑冰运动。你是否注意到，滑冰运动员脚上穿的滑冰鞋并不是平底的，而是像一把刀的形状，称为冰刀鞋。滑冰为什么要穿冰刀鞋呢？

图 11-2　滑冰运动

原来，每一种晶体都有自己的熔点，在标准状态下，冰的熔点是 0℃，但晶体的熔点并不是固定不变的。

晶体的熔点与外界的压强有关，压强越大，熔点越低。英国物理学家约翰·廷德尔曾经做过一个简单的覆冰实验：将一大块冰的两端支起，处于悬空状态，然后在一条钢丝的两端系上重物，并把这条钢丝挂在冰上（图 11-3）。结果发现，这条钢丝逐渐嵌入冰块，不断

图 11-3　覆冰实验

下陷，最后穿过冰块，而冰块却没有被切成两半。这是因为，在钢丝下面的冰受到较大的压强，熔点降低，熔化为水，使钢丝下陷，但已经熔化的水在钢丝上面不再受到钢丝的压强，水的凝固点（与冰的熔点相同）恢复到0℃，熔化了的水又重新凝固成冰。

根据晶体的熔点随压强的增大而降低这一原理，可以回答滑冰运动员为什么要穿冰刀鞋这一问题。滑冰运动员滑冰时，会受到冰的摩擦阻力。穿上冰刀鞋后，由于冰刀与冰面的接触面很小，压强很大，这会使得与冰刀接触的冰面熔化，冰刀与冰面之间会形成一个薄薄的水膜，使冰刀与冰面之间的摩擦力大为减小。

你在家也可以做一个简单的实验。利用冰箱制作几块冰块，将它们并列放在一起（图11-4）。用力挤压冰块的两侧，你将发现，几块冰块将会粘在一起。这是因为，冰块之间压强的增大会使冰块接触面上的冰熔化，停止挤压之后，熔化的水又重新凝固成冰了。

人们用手捏雪球时，其实无意中也在利用冰的上述特性。当雪片受到压力时，降低了冰雪的熔点，这使一部分雪熔化了。手撤去压力后，熔化了的水又冻结成冰。你是否玩过或见过滚

图11-4　粘在一起的冰块

雪球的活动（图 11-5）？
为什么雪球会越滚越大？
这是因为，雪球在雪地上
滚动时，雪球与雪地间的
压力会使受压处的雪熔点
降低而熔化并粘在雪球上，
雪球滚动过后压力撤去，
熔化了的雪又会重新冻结。
雪的熔化、再凝固的过程
就使得雪球越滚越大。

图 11-5 滚雪球

　　在短距离运冰时，一
些运冰工人用一个铁夹子
夹住很大的冰块轻易地在
地面上拖动（图 11-6），这
是因为冰块与地面接触的

图 11-6 拖动冰块

部位压强增大而熔化成水，从而使冰块与地面的摩擦力大为减小，
这使得冰块很容易被拖动。同样道理，人在冰面上行走时很容易滑
倒，也是因为当人脚压在冰上时，冰会熔化，这使鞋底与冰之间形
成一层薄薄的水膜，这一水膜减小了鞋底与冰面之间的摩擦力。

　　晶体的熔点还跟是否存在杂质有关。你在家里也可以做一个
有趣的实验：将冰块放在桌面上，把线的一端放在冰块上，然后
在上面撒上一点食盐，注意不要把食盐撒在线上，几分钟后，提
起线的另一端，你将可以将冰块钓起来（图 11-7）。这是因为冰
与食盐接触后，其熔点会降低，于是会产生食盐水。由于食盐水

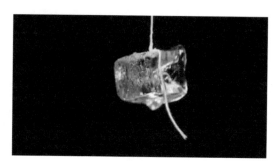

图 11-7 用食盐为"饵"钓起冰块

的凝固点比水要低，不会立即结成冰，因此，食盐水附近的冰会继续熔化。冰的继续熔化一方面要从周围吸收热量，另一方面会使食盐水的浓度降低，凝固点升高，所以使食盐水凝固成冰。

　　杂质能使冰的熔点降低，促进冰的熔化，这在生活中非常有用。例如：纯银的熔点是 1234℃，如果发现银的熔点与 1234℃不同，那么它很可能含有杂质；冬天，往积雪的路面撒融雪剂，可以熔化冰雪和避免路面结冰（图 11-8）。

图 11-8 撒盐车往雪后的路面撒融雪剂（氯盐类）。融雪剂虽然能避免路面结冰，但氯盐类的融雪剂会对路面和轮胎产生腐蚀作用，也会污染土壤和地下水

思考

?

　　杂质不但会改变晶体的熔点和液体的凝固点，而且会改变液体的沸点。烧土豆时在水中放点盐，可以使土豆更容易烧熟。你认为食盐的加入会对水的沸点产生什么影响？

冰封防冻

　　人穿上棉衣可以防冻，但你知道植物通过穿"冰衣"来防冻吗？

　　在一个迟到的春天，天气预报说夜晚气温将要明显下降并出现冰冻。果树面临冻害，处于危险的境地。为了保护果树娇嫩的花蕾，果农紧急向花蕾大量喷水。随着气温的下降，花蕾上的水结成了冰（图 11-9），正是这些冰保住了花蕾。为什么喷水结冰可以保护花蕾呢？

　　喷水结冰之所以能够保护花蕾免于冻害，其原因是：当气温下降，喷在花

图 11-9　冰封防冻

蕾上的水结成冰时，会向花蕾释放大量的热，从而使花蕾的温度避免下降过低。再者，当水凝固后，由于冰是热的不良导体，花蕾上的冰层也能起到隔热的作用，它阻隔了花蕾向外界释放热量。

液体的过冷

有一种可重复利用的暖宝宝（图 11-10）：里面的暖包装有液体和一小块金属片，当我们用手捻一下金属片，里面的液体会渐渐变成固体，并释放出热量。如何解释这一现象呢？

原来，这种暖宝宝的暖包里装有醋酸钠溶液。醋酸钠溶液的凝固点是 54℃～58℃，这个温度比室温要高得多，也就是说，在室温下，醋酸钠溶液应该处于固态。但是，暖包里的醋酸钠溶液即使在低于室温的条件下也处于液态。

液体在温度低于凝固点时仍保持液态的现象叫作过冷现象。液体的凝固过程其实是一个结晶的过程，如果液体在凝固点之下时内部存在结晶核，则液体分子就会

图 11-10 醋酸钠暖宝宝内的暖包

在结晶核周围形成结晶结构，并依附在结晶核上，凝固过程就可以进行。但是，有的液体由于太洁净，没有尘埃和杂质，容器又非常干净而平滑，缺少结晶核，结晶结构就因无处可依附而不能形成，这就会出现过冷现象。

醋酸钠溶液容易处于过冷状态，它能冷到远低于室温而不凝固。其他物质也会出现过冷现象，例如，海波的熔点是48℃，但液态海波常常下降到48℃以下也不凝固。液体越纯，过冷现象越容易出现。高纯度的水凝固点甚至可以达到零下40℃。当具备凝固所需物质，例如投入少许固体，或摇晃液体，都能让过冷液体迅速凝固。

有人也曾在杯里装入醋酸钠溶液，当醋酸钠溶液处于过冷状态时，插入一根细金属棒，并扰动溶液，即可在金属棒上长出晶体，并向外生长（图11-11）。

暖宝宝是怎样释放热量的呢？当手捻动暖包里的金属片时，金属片受到一个局部的压缩，这种扰动会使金属片近旁的溶液中产生籽晶。这些凝固的醋酸钠晶体会向周围生长，由于液体是过冷的，它们生长得十分迅速，液体便会发生凝固，并向外释放热量。虽然此时暖包内发生凝固，但其温度是较高的，故也称之为"热冰"。

图 11-11 醋酸钠结晶现象

如果要重新充取暖包，必须用热水将暖包加热到熔点以上，使得晶体熔化，在熔化过程中吸收热量。如果已消除了一切已凝固的物质，那么当暖包冷却时，其内的液体将再次过冷。

为什么夏天穿纯棉的衣服更舒适

夏天到了，如果你穿的 T 恤是化纤面料做的，就会感觉不太舒适，而穿纯棉面料做的 T 恤感觉就舒适多了。为什么夏天穿棉料衣服比穿化纤料衣服更舒适呢？

化纤面料主要有涤纶（的确良）、锦纶（尼龙）、腈纶（人造羊毛）等，夏天穿纯棉面料做的衣服比较舒适，除了质地、皮肤触感等原因之外，还因为纯棉面料具有良好的吸湿性和透气性。为什么具有良好的吸湿性和透气性的纯棉面料衣服，会使人感觉更舒适些呢？

原来，人体由于新陈代谢会不断产热，同时，人体也会不断向外散热。由于散热和产热平衡，人体才得以保持恒温。人体产生的热量主要通过血液循环带到皮肤散发出去。皮肤散热有直接散热和蒸发散热两种方式，直接散热是指人通过热传递的方式把热量传递给周围的空气，而蒸发散热是人通过汗液的蒸发带走热量。在常温下，皮肤汗液分泌较少，蒸发散热是次要的散热方式；

在夏天环境温度升高时，人体散热则主要依靠汗液的蒸发。当汗液蒸发产生的水蒸气处于身体周围时，周围的空气湿度较高。空气湿度的增大直接影响着汗液的继续蒸发，空气湿度越大，汗液蒸发越不容易。由于纯棉面料的衣服具有良好的吸湿性和透气性，衣服内外的气体能够相互交换，衣服既能使身体周围由于汗液蒸发产生的水蒸气透过并向外散发，也能将这些水蒸气吸收，这会使身体周围空气的湿度降低，有利于身体的汗液的继续蒸发，所以，穿着纯棉面料的衣服身体会感觉舒适些。如果穿着吸湿性和透气性较差的化纤面料衣服，情况则相反。

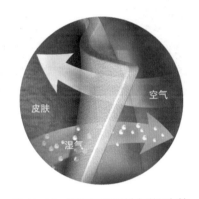

图11-12　纯棉面料具有良好的透气性

　　在生活中我们有这样的经验：炎夏时节，如果水泥路面刚洒过水（图11-13），我们走在这条路上非但没有感到凉爽，反而感到更加闷热。这是因为尽管水蒸发吸热使地面温度下降了，但此时周围的空气湿度增加，人经过时身体上的汗液不易发生蒸发，所以我们反而觉得闷热。

图11-13　洒水车洒水

水的过热和暴沸

图 11-14 水的暴沸现象

网上曾发布一条信息：有人用微波炉加热一杯水，加热后，当他在杯里放入茶叶时，杯里的水骤然猛烈地沸腾起来，溅出来的沸水把手都烫伤了。为什么会发生这样的现象呢？

我们知道，液体沸腾必须满足两个条件：一是达到沸点；二是在沸点时继续吸热。其实，液体沸腾还需要一个重要的条件，那就是液体中或器壁上存在着大量的小气泡。这些小气泡起着汽化核的作用，它使液体在其周围汽化。

水的沸腾从本质上看是水内部发生的汽化，具体地说，水的内部和器壁上通常有许多小气泡，这些气泡的壁构成了水内部空气和水的分界面。当对水加热时，水会在气泡壁上发生"内蒸发"而使气泡内的蒸汽增多。当气泡内的蒸汽增多至蒸汽压等于外界压强后，气泡将会骤然膨胀，并在浮力作用下迅速上升，到液面时破裂开来，放出里面的蒸汽，从而出现沸腾现象（图 11-15）。如果水或器壁上没有大量的小气泡，水的内部的蒸发就无法形成，水加热后就不能出现沸腾现象。

久经煮沸的液体，因缺乏气泡，即缺少汽化核，可以加热到沸点以上还不沸腾，这种现象称为液体的过热现象，而处于这种状态的液体则称为过热液体。过热液体中虽然缺少小气泡，但有些地方的分子具有足够的能量可以彼此推开而形成极小的气泡。当过热液体继续加热而使温度大大高于沸点时，这

图 11-15 水的沸腾现象

些极小的气泡会迅速膨胀，甚至发生爆炸而将容器打破，这种现象称为暴沸。为了防止暴沸这一危险现象的出现，锅炉中的水在加热前，要加进一些溶有空气的新水或放进一些附有空气的无釉陶瓷块等。

用微波炉加热水时，通常用的是表面光滑的玻璃容器，这种容器装水时，器壁上不太容易存在小气泡。此外，在锅里或壶里烧水，是对水的底部进行加热，水通过对流使整体的温度升高，但微波炉加热是水的整体同时变热，不会出现对流现象。再加上微波炉的加热环境相对静止。所有这些，都不利于在水中形成气泡，很容易出现水的过热现象。如果把茶叶、咖啡、勺子等放入过热的水中，就会有气泡浸入，导致水剧烈沸腾，甚至伴有爆裂声（图 11-16）。越干净的容器，越干净的水，越容易发生这样的事故。其他的液体，如牛奶、汤等，因为有除了水之外的成分存在，因此不容易过热，但是长时间加热后也会出现过热现象，所以，用微波炉来加热这些食物，一定要算好加热时间。

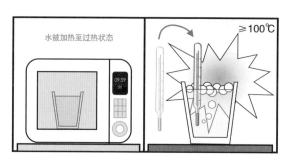

图 11-16　用微波炉烧水有危险

　　当过热液体中有高速带电粒子通过时，在带电粒子所经过的轨迹上因不断与液体原子发生碰撞会形成气泡，从而在粒子所经路径上留下径迹。这时如果对其进行拍照，就可以把一连串的气泡拍摄下来，从而得到记录有高能带电粒子轨迹的照片（图 11-17）。在高能物理研究中常用的装有液态丙烷等物质的气泡室就是根据这个原理制成的。

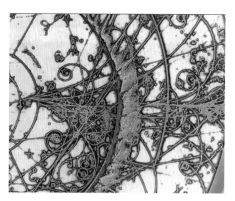

图 11-17　带电粒子在气泡室运动径迹的照片，从粒子运动径迹还可以看到粒子速度的变化

氧气瓶内的氧是液态还是气态

在医院或其他一些场合，我们常会看到氧气瓶(图11-18左)。氧气瓶内的氧是气态还是液态的？

对这一问题，不少人会这样回答：那当然是液态啦！如果问理由是什么？有人会这样回答：如果是气态，能装多少氧气啊！再说我们平时使用的液化石油气（图11-18右），里面装的石油气也是液态的呀！

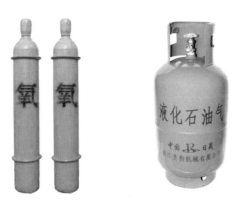

图11-18　瓶装氧和液化石油气

课本中写道：气体液化有两种方法，一是降低温度，二是压缩体积。但是通过压缩体积使气体液化是有条件的，即气体的温度必须低于一定的温度，这个温度称为临界温度。高于临界温度时，气体无论如何压缩都不可能液化。不同的气体具有不同的临界温度。液化石油气是以丙烷和丁烷为主要成分的混合物,丙烷的临界温度为 92.67℃,正丁烷的临界温度为 152℃,异丁烷的临界温度为 135℃,这些气体的临界温度都远高于我们生活环境的温度,所以,都可以在常温下通过压缩体积而液化。但氧气的临界温度为零下 180℃,远远低于我们生活环境的温度,所以,在常温下无论如何压缩体积,都无法使氧气液化。

运载火箭通常是用氢作燃料,用氧作氧化剂,氢气液化的临界温度为零下 250℃,跟氧气一样,在常温下无论如何压缩体积,也无法使氢气液化。所以,在火箭中使用的液氢和液氧都是在低温的条件下通过压缩液化的,并且液氧和液氢也要储存在低温的容器中。

制冷机

家里的冰箱、夏天使用的空调,能够人为地制造出一个低温的环境,都可称为制冷机。制冷机是怎样制冷的?

要是问热量在高温区和低温区之间的转移方向是怎样的?你一定会回答:那当然是从高温区转移到低温区。但是,像冰箱和空调等制冷设备,却是将热量从低温区向高温区逆向转移的。冰箱工作时,你可以感受到冰箱的侧壁或后壁有些部位在向外散热;

热天在空调外机附近时，你会感受到外机向外排出热风。制冷机是怎样实现热量的这种逆向转移呢?

常用的制冷机主要由压缩机、冷凝器和蒸发器三部分组成。此外要有一种"搬动"热量的工具，即制冷剂。通常的制冷剂是沸点很低的物质，如氨或碳氢制冷剂等（液氨的沸点为零下 33.5℃，典型的 R433b 碳氢制冷剂的沸点是零下 42.3℃）。制冷设备通过制冷剂的流动以及制冷剂在蒸发器由液态变为气态时吸收热量，在冷凝器里由气态变成液态时释放热量，从而将热量从低温区向高温区转移（图 11-19）。

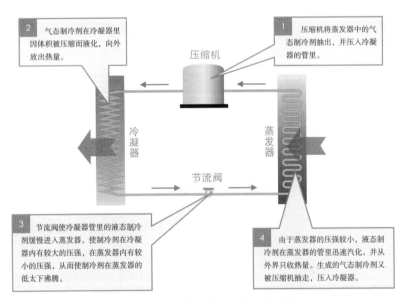

图 11-19　制冷机的基本结构和工作过程

制冷机中为什么要采用沸点很低的物质作制冷剂？

冰箱与空调是我们最常用的制冷机，与其他制冷机一样，它们都是以制冷剂作为"搬运工"，利用压缩机、冷凝器、蒸发器，将热量从低温区向高温区转移。

图 11-20 所示是冰箱工作的示意图，图上的毛细管代替节流阀，干燥过滤器可过滤制冷剂中的杂物，以防止杂物阻塞毛细管及压缩机。冰箱的工作过程为：从冷凝器里出来的制冷剂通过干燥过滤器和毛细管后缓慢进入低压蒸发器里发生汽化，并从冰箱内吸收热量；气态的制冷剂经过压缩机压缩在冷凝器里发生液化，将热量释放到房间里，由此完成了热量从冰箱内向冰箱外的搬运。

空调与冰箱没有本质的区别，我们可以将房间看作是一个大冰箱，空调制冷时，它把室内的热量转移到室外，从而使房间的温度降低。

从能量的转移和转化的角度看，在热量自发地由高温区传递给低温区的过程中，只有内能在不同的物体之间发生转移（图 11-21）。但是制冷机要将热量从低温

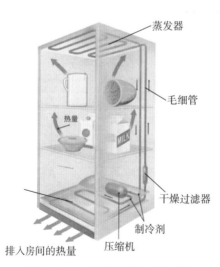

蒸发器
毛细管
热量
干燥过滤器
制冷剂
排入房间的热量
压缩机

图 11-20　冰箱制冷系统及工作原理

区转移到高温区，必须利用压缩机对制冷剂做功。因为做功的过程实质是机械能与内能相互转化的过程，所以，制冷机在制冷过程中，既有内能转移，又有机械能与内能之间的转化（图11-22）。

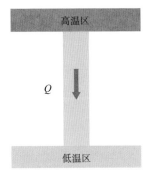

图11-21　自发的传递中的能量转移

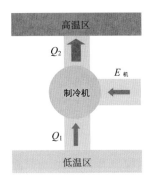

图11-22　制冷过程中的能量转移和转化

链接

氟利昂的危害

氟利昂有不同的类型，常用的氟利昂R-12的沸点为零下29.8℃，是以往制冷系统（如电冰箱、空调机）普遍使用的制冷剂，还常用来制造灭火剂、杀虫剂、发泡剂等。氟利昂到达高空大气中会分解而产生氯原子，从而导致臭氧层的破坏。一旦臭氧洞形成，紫外线就会通过臭氧洞长驱直入照射到地表，这对人类健康及生物生长将构成极大的威胁。为此，国际社会对氟利昂的生产和使用作出了严格的限制，我国新生产的电冰箱、空调机等家电中已经全面禁用氟利昂，而采用别的替代物质。

让爱因斯坦吃惊的"饮水鸟"

"饮水鸟是一种风靡全球的物理玩具，它不用发条和电力，却能不停地自动上下摆动（图 11-23）。如果在饮水鸟的面前放上一杯水，并先将鸟的头部用水浸湿，鸟就会俯下身体把嘴浸在杯里，"喝"完一口，又会直立起来；然后又会俯下身体"喝水"。如此循环往复，不停地来回摆动做饮水的动作，直到鸟的嘴沾不到水为止。据说，有人曾将一只涂了颜色、看不见内部奥秘的"饮水鸟"赠送给爱因斯坦，并对他说，科学家不是说永动机是不可能的吗，现在就让你瞧瞧这台永动机。当爱因斯坦明白"饮水鸟"的原理时，十分敬佩"饮水鸟"的设计之巧妙。因此这个玩具就被人们称为"让爱因斯坦吃惊的玩具"。饮水鸟来回摆动的奥妙究竟何在？

图 11-23 "饮水鸟"玩具

原来，"饮水鸟"的头和身躯是由两个薄壁玻璃球做成的，下部的玻璃球较大，上部的玻璃球较小。两个玻璃球之间用玻璃管相通，其内装有一定量极易蒸发的乙醚（图 11-24a）。制造时，球内的空气已被抽出，乙醚液体上方充满了饱和的乙醚蒸气，这些蒸气的压强随温度的升高而增大，随温度的降低而减小。鸟的头部包有一层易吸水的布，启动时，先将这层布用水沾湿。当布上的水蒸发时，上方玻璃球的温度和球内乙醚蒸气的温度会降低，球内饱和的乙醚蒸气会发生液化，从而使上方玻璃球内乙醚蒸气的压强也随之降低。由于下方玻璃球中乙醚蒸气的压强大于上方玻璃球中乙醚蒸气的压强，会把下方玻璃球中的乙醚液体沿着玻璃管向上压，从而使整只鸟的重心上移，鸟身前倾（图11-24b）。当鸟身转到接近水平位置时，一方面，鸟的嘴浸了一下水，而鸟嘴是一根锥形的金属管，其内穿有纱线与鸟头上的布相连。自动饮水鸟"饮水"时由于纱线的毛细作用，水将沿纱线不断吸到鸟头上的布中，使头部蒸发掉的水得到补充；另一方面，两只球内的乙醚蒸气相互沟通，上、下两球内的乙醚蒸气压强也变为相同，上方玻璃管中的乙醚液体又会顺着玻璃管流回到下方玻璃球中（图11-24c），接着鸟身又恢复到原来的竖直位置。如此循环往复，持续进行。

虽然"饮水鸟"能够自动持续运动，但它不是永动机。因为

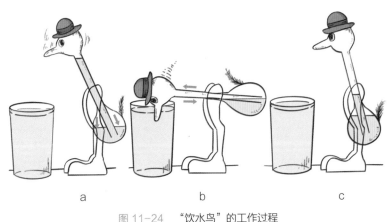

图 11-24　"饮水鸟"的工作过程

鸟的头部布上的水不断发生蒸发要从周围环境中吸收热量，这为"饮水鸟"的持续运动提供了能量。只要周围空气的湿度不太大，鸟的头部蒸发正常进行，就能为鸟的运动提供持续的动力。